Geochemie

von

Dr. Karl Hans Wedepohl

o. Professor an der Universität Göttingen

Mit 26 Abbildungen
und 37 Tabellen

Sammlung Göschen Band 1224/1224a/1224b

Walter de Gruyter & Co. Berlin 1967

vormals G. J. Göschen'sche Verlagshandlung · J. Guttentag, Verlagsbuchhandlung · Georg Reimer · Karl J. Trübner · Veit & Comp.

Inhalt

Tabellen

Literatur

Abelson, P. H. (Editor) (1959): Researches in Geochemistry. J. Wiley, New York, London.

Ahrens, L. H., Press, F., Rankama, K., Runcorn, S. K. (1956 bis 1964): Physics and Chemistry of the Earth. I—V, Pergamon Press, London.

Aller, L. H. (1961): The Abundance of the Elements. Interscience, New York, London.

Barth, Tom F. W. (1962): Theoretical Petrology. (2nd Edition) Wiley, New York, London.

Braitsch, O. (1962): Entstehung und Stoffbestand der Salzlagerstätten. Springer, Berlin, Göttingen, Heidelberg.

Brauns, R., Chudoba, K. F. (1964): Spezielle Mineralogie (11. Aufl.). Sammlung Göschen Band 31/31a.

Clarke, F. W. (1924): Data of Geochemistry (Fifth Edition). US Geol. Survey Bull. 770.

Clarke, F. W., Washington, H. S. (1924): The Composition of the Earth's Crust. US Geol. Surv. Prof. Pap. 127.

Correns, C. W. (1949): Einführung in die Mineralogie. Springer, Berlin, Göttingen, Heidelberg.

Correns, C. W. (1961): The Experimental Chemical Weathering of Silicates. Clay Minerals Bull. 4, 249.

Daly, R. A. (1933): Igneous Rocks and the Depths of the Earth. Mc Graw Hill, New York.

Day, F. H. (1963): The Chemical Elements in Nature. G. G. Harrap, London.

Deer, W. A., Howie, R. A., Zussman, J. (1962): Rock-forming Minerals. Vol. 1—5. Longmans, Green and Co, London.

Fleischer, M. (Editor) (1962, 1963, 1964—): Data of Geochemistry. (Sixth Edition). US Geological Surv. Prof. Pap. 440.

Garrels, R. M. (1960): Mineral Equilibria at Low Temperature and Pressure. Harper, New York.

Gmelins Handbuch der Anorganischen Chemie, 8. Auflage: Verlag Chemie, Weinheim.

Goldberg, E. D. (1957): Biogeochemistry of Trace Metals. Geol. Soc. Amer. Mem. 67, 1, 345.

Goldberg, E. D. (1964): The Oceans as a Geological System. Trans. New York Akad. Sci. 27, 7.

Goldschmidt, V. M. (1954): Geochemistry. Clarendon Press, Oxford.

Hollander, J. M., Perlman, J., Seaborg, G. T. (1953): Table of Isotopes. Rev. Mod. Physics 25, 469.

Kullerud, G. (1964): Review and Evaluation of Recent Research on Geologically Significant Sulfide-Type Systems. Fortschr. Miner. 41, 221.

Linke, W. F., Seidell, A. (1958—): Solubilities of Inorganic and Metalorganic Compounds. van Nostrand Co., Toronto, New York, London.

Mason, B. (1958): Principles of Geochemistry. (Second Edition). J. Wiley, New York, London.

Mason, B. (1962). Meteorites. J. Wiley, New York, London.

Nockolds, S. R. (1964): Average Chemical Compositions of Some Igneous Rocks. Bull. Geol. Soc. Am. 65, 1007.

Poldervaart, A. (Editor) (1955): Crust of the Earth. Geol. Soc. Am. Spec. Pap. 62.

Rankama, K., Sahama, Th. G. (1950): Geochemistry. The University of Chicago Press.

Rankama, K. (1954): Isotope Geology. Pergamon Press, London.

Rankama, K. (1963): Progress of Isotope Geology. Interscience Publ. New York, London.

Rubey, W. W. (1951): Geologic History of Sea Water. Bull. Geol. Soc. Amer. 62, 1111.

Schneiderhöhn, H. (1961): Die Erzlagerstätten der Erde. Band II: Die Pegmatite. Fischer, Stuttgart.

Shaw, D. M. (1964): Interprétation Géochemique des Éléments en Traces dans les Roches Cristallines. Masson et Cie, Paris.

Smales, A. A., Wager, L. R. (1960): Methods in Geochemistry. Interscience New York, London.

Turekian, K. K., Wedepohl, K. H. (1961): Distribution of the Elements in Some Major Units of the Earth's Crust. Geol. Soc. Amer. Bull. 72, 175.

Turner, F. J., Verhoogen, J. (1960): Igneous and Metamorphic Petrology. Mc Graw Hill, New York, Toronto, London.

Tuttle, O. F., Bowen, N. L. (1958): Origin of Granite in the Light of Experimental Studies in the System $NaAlSi_3O_8$-$KAlSi_3O_8$-SiO_2-H_2O. Geol. Soc. Am. Mem. 74.

Urey, H. C. (1952): The Planets. Their Origin and Development. Yale University Press, New Haven.

Vinogradov, A. P. (1956): Regularity of Distribution of Chemical Elements in the Earth's Crust. Geochemistry (English Translation) 1, 1.

Vernadsky, W. J. (1930): Geochemie in ausgewählten Kapiteln. Akad. Verlagsges., Leipzig.
Winkler, H. G. F. (1965): Die Genese der metamorphen Gesteine. Springer, Berlin, Heidelberg, New York.
Zemann, J. (1966): Kristallchemie. Sammlung Göschen. Band 1220/1220 a.

Aufgaben und Geschichte der Geochemie

Seit der Schweizer Chemiker Chr. Friedr. Schönbein 1838 zuerst das Wort „Geochemie" verwandte, hat sich in rund hundert Jahren unter diesem Begriff eine selbständige Arbeitsrichtung innerhalb der Erdwissenschaften gebildet. Die Abgrenzung gegenüber der Allgemeinen Geologie, der Mineralogie, Petrologie, Lagerstättenlehre und auch der Geophysik ist nicht immer deutlich. Grenzen zwischen verwandten Arbeitsgebieten sind eigentlich nur durch die Beherrschung der Arbeitsmethoden bedingt.

Elie de Beaumont hatte sich 1846 eine Übersicht über die Häufigkeit der chemischen Elemente verschafft. Als Carl Gustav Bischof mit seinem „Lehrbuch der chemischen und physikalischen Geologie" (1846 bis 1854) die Arbeitsweise der Geochemie begründete, standen ihm nur relativ wenige zuverlässige und für geologische Einheiten repräsentative Daten von chemischen Hauptbestandteilen in Form von Gesteins- und Mineralanalysen zur Verfügung. Die durch G. Kirchhoff und R. Bunsen (1860/61) entwickelte Spektralanalyse erschloß die geringen Konzentrationsbereiche für die chemische Analyse und erfaßte seltene Elemente. Justus Roth setzte in seiner „Allgemeinen und chemischen Geologie" (1859—1893) die Bestandsaufnahme chemischer Daten von geologischen Objekten im Sinne von Bischof fort.

In der ersten Hälfte des 20. Jahrhunderts wurden viele Methoden entwickelt, die der geochemischen Arbeitsweise zugute kamen. Nach der Entdeckung der Beugung von Röntgenstrahlen am Kristallgitter durch Max von Laue (1912) war die moderne Kristallchemie und die Auffindung von Verteilungsgesetzen der Elemente in Festkörpern möglich. Die von H. G. J. Mosley (1913) gefundenen Beziehungen zwischen Atomarten und Röntgenspektren lieferten die Grundlagen für die Röntgenspektralanalyse. Die Entdeckung der Uranstrahlung durch Henri Becquerel (1896) führte zur Auffindung anderer radioaktiver Elemente und schließlich zur Aufstellung der Theorie des radioaktiven Zerfalls durch Ernest Rutherford. Am Geophysical Laboratory der Carnegie Institution in Washington begannen um 1910 die klassischen synthetischen Arbeiten N. L. Bowens an Silikatsystemen.

Frank Wigglesworth Clarke (1847—1931) sichtete die bis zu Beginn des Jahrhunderts angesammelten und über die Literatur verstreuten Analysen geologischer Objekte. Zusammen mit eigenen Daten wertete er diese zu repräsentativen Mittelwerten für geologische Einheiten aus, die ihre Bedeutung auch heute noch nicht verloren haben. Die von Clarke bis zur 5. Auflage vervollständigte Sammlung „Data of Geochemistry" (1924) wird augenblicklich durch M. Fleischer als Herausgeber und einen großen Mitarbeiterkreis neu bearbeitet. Clarke war die Stoffsammlung nicht Selbstzweck sondern Grundlage zur Deutung der chemischen Reaktionen in geologischen Prozessen. Er gab eine Definition der Geochemie, die wie folgt übersetzt wird:

„Jedes Gestein mag als ein chemisches System angesehen werden, in dem durch verschiedene Substanzen chemische Reaktionen ausgelöst werden können. Jede derartige Zufuhr veranlaßt eine Störung des Gleichgewichts in Richtung auf ein neues System, das sich unter den neuen Bedingungen selbst wiederum stabilisiert. Die Untersuchung dieser Reaktion ist Arbeitsgebiet der Geochemie. Es ist Aufgabe des Geochemikers, abzuschätzen, welche Reaktionen möglich sind und zu beobachten, wie, wann, unter welchen Begleiterscheinungen und zu welchen Endstadien sie ablaufen."

1920 versuchte H. S. Washington, die Elemente nach geochemischen Gesichtspunkten zu gliedern und metallogenetische und petrogenetische Elemente zu unterscheiden. W. J. Vernadsky (1922) teilte sein geochemisches System in 6 Gruppen ein: Edelgase, Edelmetalle, zyklische (oder organogene) Elemente, disperse Elemente, stark radioaktive Elemente, Elemente der Seltenen Erden.

Das Aufgabengebiet der Geochemie wurde von W. J. Vernadsky (1924) wie folgt beschrieben: „Die Geochemie befaßt sich mit den chemischen Elementen, also den Atomen, der Erdrinde und, soweit möglich, überhaupt mit der Erde. Sie untersucht deren Geschichte, deren Verteilung im Raum in der Gegenwart und in der Vergangenheit. Sie läßt sich von der Mineralogie scharf abgrenzen, denn diese betrachtet in demselben Raum und zu den gleichen Zeiten der Erdgeschichte nur die Entwicklung der Verbindungen der Atome — der Moleküle und Kristalle."

V. M. Goldschmidt (Nachlaßband [1954]) betonte in seiner Begriffsbestimmung stärker die Dynamik des chemischen Geschehens und berücksichtigte die Häufigkeit der Atomkerne und die Beziehungen zur Kosmochemie: „Die moderne Geochemie studiert die Mengen und die Verteilung der chemischen Elemente in Mineralen, Erzen, Gesteinen, Böden, Gewässern und in der Atmosphäre und den Kreislauf der Elemente in der Natur auf der Grundlage der Eigenschaften ihrer Atome und Ionen. Diese Wissenschaft ist nicht streng auf die Untersuchung der chemischen Elemente als kleinste Einheiten zur Einteilung der Materie beschränkt. Sie berücksichtigt auch die Häufigkeit und Verteilung der verschiedenen Isotope oder Atomarten der Elemente einschließlich der kosmischen Kernhäufigkeit und -stabilität."

Viktor Moritz Goldschmidt (1888—1947) erschloß der geochemischen Arbeitsweise neue Grundlagen. Unter seinem Einfluß wurde vor allem die optische Spektralanalyse zu einer quantitativen Methode für die Untersuchung von Gesteinen, Mineralen und biochemischen Proben entwickelt. Er fand kristallchemische Gesetzmäßigkeiten in der Verteilung der Elemente, berechnete Wirkungsradien von Ionen in Mineralstrukturen und erkannte die geochemische Bedeutung der selteneren Elemente.

In den letzten zwei Jahrzehnten ist die Anzahl geochemischer Daten und Informationen als Folge der verbesserten physikalischen Analysenverfahren exponentiell angestiegen. Ihre Genauigkeit ist weniger konzentrationsabhängig als die der klassischen chemischen Methoden. Die Massenspektrometrie und die Analyse natürlicher und durch Neutronenbestrahlung künstlich induzierter Radioaktivität gehören inzwischen zu den Routineverfahren der Geochemie. Der erste Massenspektrograph wurde 1918 von A. J. Dempster in Chicago gebaut. 1925 machten H. V. A. Briscoe und P. L. Robinson in England darauf aufmerksam, daß sie an Mineralen unterschiedlicher Vorkommen verschiedene Atomgewichte für Bor fanden. Die 1913 von J. J. Thomson entdeckten Isotope eines Elementes unterscheiden sich in den von der Masse abhängigen Eigenschaften (Diffusionskoeffizient, Dampfdruck, Dampfdichte usw.). Bei leichten Elementen und relativ großen Massenunterschieden können natürliche Prozesse zur Isotopenfraktionierung führen. Hierdurch ergibt sich in günstigen Fällen die Aufklärung von Vorgängen in der geologischen Vergangenheit.

Zur physikalischen Bestimmung geologischer Alter werden ähnliche Methoden angewandt wie sie eben beschrieben wurden. Die Probleme sind meist rein geologisch-stratigraphisch. Viele der dabei anfallenden Daten von Isotopenhäufigkeiten lassen sich darüberhinaus zur geochemischen Deutung geologischer Prozesse, wie z. B. der Herkunft bestimmter Magmen, heranziehen.

Die kosmische Häufigkeit der Elemente und die Stabilität der Atomarten

Der Weltraum besteht aus Materiekonzentrationen in den Spiralnebeln (Galaxien) und dem interstellaren Gas bzw. Staub mit der geringen Dichte von rund 10^{-24} g/ccm. Die Spiralnebel haben Durchmesser in der Größenordnung von 10^{18} km. Man bekommt eine Vorstellung von der geringen Größe und Dichte der Sterne in den Spiralnebeln, wenn man sich die Sterne in der Größe von Kugeln mit rund 1 cm Durchmesser im Abstand der europäischen Hauptstädte gelegen denkt. Die Galaxien sind rund 10^{19} km voneinander entfernt. In jedem uns sichtbaren Himmelsausschnitt von der Größe des Mondes liegt im Mittel ein Spiralnebelsystem; das uns nächste ist der Andromedanebel. Nach heutiger Kenntnis ist der größte Abstand entsprechend der schnellsten Relativbewegung (Rotverschiebung des Spektrums) von Galaxien mehr als $8 \cdot 10^{9}$ Lichtjahre.

Durch die instrumentellen Möglichkeiten der *Spektralanalyse* sind die Kenntnisse der chemischen Zusammensetzung der *kosmischen Materie* auf Sterne unseres Sonnensystems sowie Sterne und Nebel in seiner Nachbarschaft beschränkt. Bisher haben sich keine bemerkenswerten Unterschiede zwischen unserem Teil des Sonnensystems und dem Rest des beobachtbaren Teils des Kosmos gezeigt. Die Aussagen enthalten die Unsicherheit der Auswertung kosmischer Linienspektren (Konzentrationseichung in Beziehung zum Sterntyp; Abschätzung der Anregungsbedingungen usw.). Weitere chemische Informationen aus dem Kosmos stammen aus der Analyse der *kosmischen Strahlung*. Die relative Häufigkeit ihrer Kernarten unterscheidet sich von der durch Spektralanalyse ermittelten. Diese Unterschiede hängen mit der Entstehung der energiereichen Partikel der kosmischen Strahlung und mit Sekundärreaktionen in der Erdatmosphäre zusammen.

Die Astrophysiker benutzen die Daten über die Häufigkeit der Elemente und Kernarten in den verschiedenen Sterntypen zur Entwicklung und Prüfung von Hypothesen über die Entstehung der Elemente. Beobachtungen in dem uns näheren Teil des Sonnensystems ermöglichen Vorstellungen über die physikalischen und chemischen Vorgänge in Sternatmosphären und über den Zustand des interstellaren Raumes.

Mehr als 700 *Kernarten* sind in natürlichen Vorkommen oder künstlichen Produkten von Beschleunigern, Kernspaltung usw. gefunden worden. Suess und Urey (1956) sowie Cameron (1959) haben sich eingehend mit der natürlichen Häufigkeit der Isotope befaßt. Ihre Angaben sollen in den folgenden Abschnitten diskutiert werden. Sie geben 281 natürlich vorkommende Kernarten an. In ihren Tabellen fehlen die etwa 55 Produkte der natürlichen Zerfallsreihen. Nur 22 Elemente sind aus einer stabilen Kernart aufgebaut (Be, F, Na, Al, P, Sc, V, Mn, Co, As, Y, Nb, Rh, J, Cs, Pr, Tb, Ho, Tm, Ta, Au, Bi).

Isotope haben die gleiche Kernladungs- und Protonenzahl, aber unterschiedliche Atomgewichte und Neutronenzahlen. *Isobaren* haben dieselben Atomgewichte, enthalten aber bei unterschiedlicher Kernladungs- und Neutronenzahl unterschiedliche Elemente. β-Strahlung und Elektroneneinfang führt zu isobaren Elementen. *Isotonen* haben dieselben Neutronenzahlen.

Aus dem Vorkommen der Isotopen und ihrer jeweiligen Zusammensetzung kann man einige empirische Regeln über die *Kernstabilität* ableiten. Alle stabilen Kernarten wurden auf der Erde gefunden. Die kosmische Häufigkeit stabiler Kerne unterscheidet sich maximal um 12 Zehnerpotenzen. Einige instabile Isotope sind Zerfallsprodukte langlebiger schwerer Elemente. Von den leichteren Elementen zerfallen einige unter β-Strahlung (z. B. Rb 87). α-Strahler kommen vornehmlich unter den schweren Elementen vor.

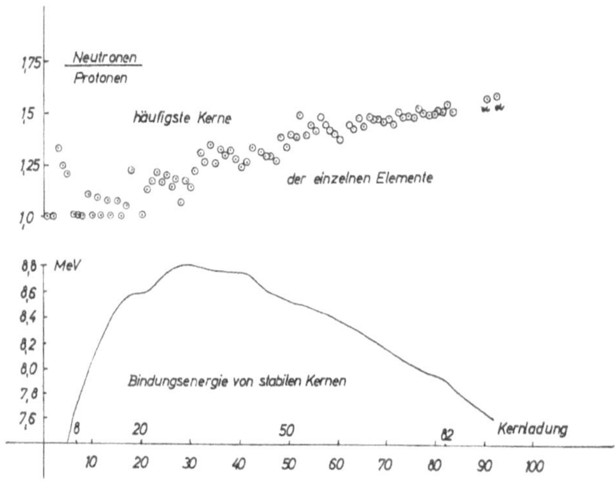

Abb. 1. Die Bindungsenergie und Häufigkeit von Kernen.

Wenn man die Kernladung Z gegen die Neutronenzahl N aufträgt, liegen die stabilen Kerne nahe einer Kurve. Bei den leichten Isotopen bis zur Masse 20 ist der Kurvenanstieg 45°; bis hierher haben die Elemente also etwa gleiche Protonen- und Neutronenzahl. Anschaulicher ist die Darstellung des Neutronenüberschusses gegenüber der Protonenzahl in Abhängigkeit von der Kernladung (Abb. 1). Zu den schwereren Elementen hin nimmt die Neutronenzahl relativ gegenüber der Protonenzahl zu; beim Blei ist das Verhältnis etwa 3 : 2. Dieser Befund muß aus der Bindungsenergie der Kernbausteine oder Nukleonen verstanden werden. Eine empirische Formel für die Kernbindungsenergie enthält Terme, die die Massenanziehung der Nukleonen, die coulombsche Abstoßung der Protonen, den Anteil von Außennukleonen und das paarweise Auftreten von Kernbausteinen berücksichtigt. Der zuletzt genannte Term drückt aus, daß Kerne mit ungerader Protonen- oder / und Neutronenzahl bindungsenergetisch ungünstiger sind als mit gerader -zahl. In den stabilen Kernen sind meist Protonen der Neutronen paarweise vorhanden. Kerne mit ungerader Zahl beider Nukleonen sind oft instabil, mit Ausnahme von H^2, Li^6, B^{10} (die allerdings die selteneren Isotope darstellen). Das Stickstoffisotop N^{14} gehört ebenfalls zu den Ausnahmen. Abweichungen und Details der Kernbindungsenergien lassen sich nicht aus den empirischen Regeln sondern aus dem Schalenmodell des Kernaufbaus verstehen, das in diesem Buch nicht besprochen werden kann. — Die Stabilität sogenannter *magischer Zahlen* von Neutronen oder Protonen wird ebenfalls nur aus dem Schalenmodell verständlich. Es gelten Schalen mit 2, 8, 20, 28, 50, 82 und 126 Nukleonen als abgeschlossen und stabil, ähnlich den Edelgaszuständen der Elektronenschalen. Goldschmidt und Suess fanden, daß Kerne mit magischer Nukleonenzahl in Elementen vorkommen, die im Kosmos besonders häufig sind.

Für das Fehlen langlebiger Isotope der Elemente 43 (Tc), 61 (Pm), 85 (At) und 87 (Fr) gibt es plausible kernphysikalische Gründe. Das langlebigste Tc-Isotop hat eine Halbwertszeit von $2{,}6 \cdot 10^6$ Jahren; es wurde kürzlich in Spektren von Riesensternen nachgewiesen und hat damit einen entscheidenden Befund für die Hypothese der ständigen Nachbildung der chemischen Elemente geliefert.

Angaben über die relative Häufigkeit der Isotope stammen fast ausschließlich aus der massenspektrometrischen Analyse irdischer und meteoritischer Proben. An astronomischen Objekten gelang bisher nur die Abschätzung der Isotopenverhältnisse von H/D, He^3/He^4, Li^6/Li^7, C^{12}/C^{13}, O^{16}/O^{18}.

Wenn man die von *Stern- und Nebelspektren* erhaltenen Häufigkeitsdaten der chemischen Elemente im logarithmischen Maßstab aufträgt, erhält man eine Kurve, die vom Wasserstoff (10^{12}) bis zum Indium (< 10) stark abfällt und dann mit einem Maximum beim Zinn (10^2) wieder ansteigt. Wegen der Variationsbreite der Beobachtungen und der fehlenden Befunde bei schweren Elementen sind keine Feinheiten der Häufigkeitsverteilung zu erkennen.

Im *Sonnenspektrum* wurden bisher 66 Elemente nachgewiesen. Die graphische Darstellung des Logarithmus ihrer relativen Häufigkeit zeigt die höhere Konzentration der Atomarten gerader Protonenzahlen gegenüber den Nachbarn mit ungeraden Zahlen. Außerdem fällt die Anreicherung von Fe, Ba, Pt, und Pb auf.

Um weitere Details *kosmischer Element- und Kernhäufigkeiten* zu erkennen, mußten Suess, Urey (1956) und Cameron (1959) Analysen von *Chondriten* und von irdischen Proben sowie kernphysikalische Werte heranziehen. Die Verwendung von Meteoriten- und Erdkrustendaten hat den Nachteil, daß diese durch die chemisch selektiven Prozesse beeinflußt sein können, die zur Bildung der Planeten geführt haben. Deshalb hat Cameron seine Datensammlung stärker auf kernphysikalischen Werten aufgebaut. Größere Abweichungen von der Tabelle von Suess und Urey finden sich vor allem im Bereich der Seltenen Erden und des Bleis. Beide Datensammlungen sind in Tabelle 1 einander gegenübergestellt, nachdem alle Werte auf eine Si-Konzentration von 10^6 umgerechnet wurden. Diese Umrechnung auf Si als Bezugselement erleichtert den Vergleich mit irdischen Konzentrationsangaben. Die anschauliche Darstellung der kosmischen Elementhäufigkeit nach Cameron im selben Bezugssystem findet sich in Abb. 2. Wichtig für die im nächsten Abschnitt kurz zu besprechende kosmische Genese der

Elemente sind die Unregelmäßigkeiten im Verlauf der Häufigkeitskurve in Beziehung zur Kernmasse.

Die in den Regeln von Oddo und Harkin erfaßten Befunde der größeren Häufigkeit gerader Nukleonenzahlen und der Atomgewichte als Vielfache von 4 wird in den kurzperiodischen Oszillationen der Kurve sichtbar. Die Elementhäufigkeit nimmt bis zur Kernladung von etwa 100 exponentiell ab. In diesem Bereich sind D, Li, Be und B selten verglichen mit den benachbarten H, He, C, N und O. Die Konzentration von Fe und seinen Nachbarelementen ist auffallend groß. Die Kurve für die Bindungsenergie stabiler Kerne (Wapstra [1958] — Handbuch der Physik 38/1) hat ihr Maximum mit 8,8 MeV beim Eisen und seinen Nachbarn. In der Häufigkeitsverteilungskurve der Kerne finden sich ferner auffallend hohe Werte im Bereich der Massenzahlen 90, 130, 138, 165, 192, 208 (Zr, Te, Ba, schwere geradzahlige Seltene Erden, Os, Pb).

Hypothesen über die *Entstehung der Elemente* müssen diesen Beobachtungen gerecht werden.

Tabelle 1. Kosmische Häufigkeit der Elemente bezogen auf Si = 10^6

Element	Suess-Urey	Cameron
1 H	4.00×10^{10}	2.50×10^{10}
2 He	3.08×10^{9}	3.80×10^{9}
3 Li	100	100
4 Be	20	20
5 B	24	24
6 C	3.5×10^{6}	9.3×10^{6}
7 N	6.6×10^{6}	2.4×10^{6}
8 O	2.15×10^{7}	2.5×10^{7}
9 F	1600	1600
10 Ne	8.6×10^{6}	8.0×10^{5}
11 Na	4.38×10^{4}	4.38×10^{4}
12 Mg	9.12×10^{5}	9.12×10^{5}
13 Al	9.48×10^{4}	9.48×10^{4}
14 Si	1.00×10^{6}	1.00×10^{6}

Element	Suess-Urey	Cameron
15 P	1.00×10^4	1.00×10^4
16 S	3.75×10^5	3.75×10^5
17 Cl	8850	2610
18 Ar	1.5×10^5	1.5×10^5
19 K	3160	3160
20 Ca	4.90×10^4	4.90×10^4
21 Sc	28	28
22 Ti	2440	1680
23 V	220	220
24 Cr	7800	7800
25 Mn	6850	6850
26 Fe	6.00×10^5	8.50×10^4
27 Co	1800	1800
28 Ni	2.74×10^4	2.74×10^4
29 Cu	212	212
30 Zn	486	202
31 Ga	11.4	9.05
32 Ge	50.5	25.3
33 As	4.0	1.70
34 Se	67.6	18.8
35 Br	13.4	3.95
36 Kr	51.3	42.0
37 Rb	6.5	6.50
38 Sr	18.9	61.0
39 Y	8.9	8.9
40 Zr	54.5	14.2
41 Nb	1.00	0.81
42 Mo	2.42	2.42
43 Tc		
44 Ru	1.49	0.87
45 Rh	0.214	0.15
46 Pd	0.675	0.675
47 Ag	0.26	0.26
48 Cd	0.89	0.89
49 In	0.11	0.11
50 Sn	1.33	1.33
51 Sb	0.246	0.227
52 Te	4.67	2.91
53 I	0.80	0.60
54 Xe	4.0	3.35

Element	Suess-Urey	Cameron
55 Cs	0.456	0.456
56 Ba	3.66	3.66
57 La	2.00	0.50
58 Ce	2.26	0.575
59 Pr	0.40	0.23
60 Nd	1.44	0.874
61 Pm		
62 Sm	0.664	0.238
63 Eu	0.187	0.115
64 Gd	0.684	0.516
65 Tb	0.0956	0.090
66 Dy	0.556	0.665
67 Ho	0.118	0.18
68 Er	0.316	0.583
69 Tm	0.0318	0.090
70 Yb	0.220	0.393
71 Lu	0.050	0.0358
72 Hf	0.438	0.113
73 Ta	0.065	0.015
74 W	0.49	0.105
75 Re	0.135	0.054
76 Os	1.00	0.64
77 Ir	0.821	0.494
78 Pt	1.625	1.28
79 Au	0.145	0.145
80 Hg	0.284	0.408
81 Tl	0.108	0.31
82 Pb	0.47	21.7
83 Bi	0.144	0.3
90 Th		0.027
92 U		0.0078

Überlegungen über die Konzentration und Struktur kosmischer Materie beruhen auf der Beobachtung von Unterschieden in spektraler Leuchtkraft, Größe und unterschiedlicher Anregung der Sterngase. In der Leuchtkraft gleichartige Sterne sind zu Klassen zusammengefaßt worden. Die Unterschiede in spektraler Leuchtkraft lassen sich auf Unterschiede in den Temperaturen der Sternatmosphären zurückführen.

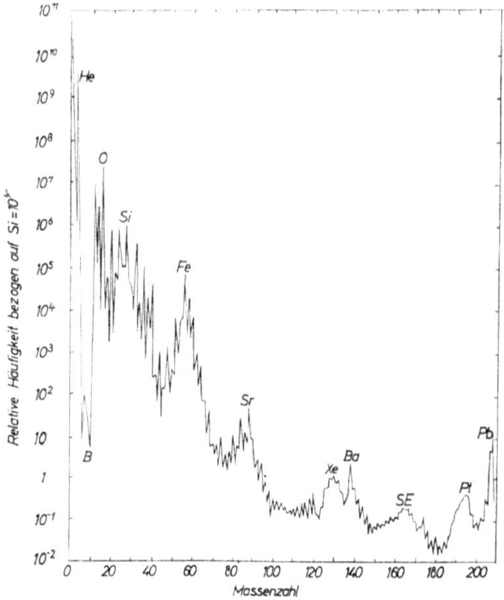

Abb. 2. Die kosmische Häufigkeit der Elemente.

Die Auslösung der Sternbildung in den kalten Regionen der interstellaren Materie kann nicht beobachtet werden. Dieser Prozeß wird möglicherweise durch Unterschiede im Gasdruck, durch Strahlungsdruck oder Magnetfelder eingeleitet. Zu Beginn kontrahiert sich der Stern durch Gravitation bei ansteigender Dichte und Temperatur. Bei etwa 10^6 °K setzen thermonukleare Reaktionen ein, in denen sich aus Wasserstoff Helium und bei 10^8 °K aus Helium Kohlenstoff bildet. Die He-Fusion zu C^{12} „überspringt" die Bildung der kosmisch selteneren Elemente Li, Be und B, die somit sekundär entstanden sein müßten. Das

Stadium der Heliumproduktion erreichen alle Sterne. In wenigen Fällen der Sternentwicklung (alle 300 Jahre etwa einmal in jedem Spiralnebel) wird der Kern instabil, explodiert und gibt seine Materie an den interstellaren Raum ab. Eine derartige, „Super-Nova" genannte kosmische Katastrophe wurde von den Chinesen um das Jahr Tausend im Crab-Nebel beobachtet. Relativ kleine, hochentwickelte Sterne, die nicht explodieren, kontrahieren sich unter Materieverlust an den Raum zu „weißen Zwergen". Nur in großen, hochentwickelten Sternen stellen sich die notwendigen Temperaturen für weitere Kernverschmelzungen ein. Ausschließlich im Spätstadium dieser speziellen Sterne bei Temperaturen $> 4 \cdot 10^8$ °K ist die wahrscheinliche Bildung der Hauptmenge der chemischen Elemente leichten bis mittleren Atomgewichts zu erwarten. Bei Temperaturen in der Größenordnung von $5 \cdot 10^9$ °K setzt Kernspaltung und damit Neutronenemission ein. Diese Bedingungen sollten nur die größten Sterne erreichen. Eine Reihe von schweren Elementen kann nach Auffassung der Kernphysiker ausschließlich durch Neutroneneinfang aus leichteren Kernen (und evtl. folgendem β-Zerfall) aufgebaut worden sein (Wirkungsquerschnitte gegenüber Neutronen steigen mit Atomgewicht).

Die von Hoyle vertretene Hypothese eines sich *ständig bildenden Kosmos* fand kürzlich durch Nachweis von Technetium im Spektrum einiger Riesensterne (Merill [1952]) eine beachtliche Stütze. Das langlebigste Isotop Tc 99 hat eine Halbwertszeit von $2{,}2 \cdot 10^5$ Jahren. Diese ist aber zu kurz für ein irdisches primäres Vorkommen von Technetium und für eine Herkunft aus *einmaliger spontaner Bildung der Elemente* im Kosmos, wie sie z. B. Gamow annahm.

Struktur und Geschichte des Planetensystems

Die *Sonne* selbst enthält 99,8 % der Masse des nach ihr benannten Systems. Ihre Zusammensetzung unterscheidet sich nach den von Unsöld (1950) angegebenen Daten nicht erheblich von den Werten der kosmischen Häufigkeit, die in Tabelle 1 aufgeführt worden sind. Bis auf einen wahrscheinlich höheren Sauerstoffgehalt der Sonne sind alle anderen Differenzen geringer als eine Zehnerpotenz. Somit bestehen zumindest die äußeren Schichten der Sonne überwiegend aus: H, He, O, Fe, N, Mg, C, Si (im Verhältnis: 51000 : 10000 : 280 : : 2,7 : 2,1 : 1,7 : 1 : 1). Nach den Ergebnissen von Goldberg, Müller, Aller (1960) sind die Sauerstoff- und Eisenwerte um eine Zehnerpotenz niedriger und die Magnesiumgehalte um eine Zehnerpotenz höher.

Die Planeten sind Produkte aus Sonnenmaterie, in der eine Sonderung in leichtflüchtige und schwerflüchtige Anteile stattgefunden hat. Alle Hypothesen über die Planetenbildung müssen einer Reihe von Beobachtungen gerecht werden. Die erste Beobachtung war die oben erwähnte Spektralanalyse der Sonnenatmosphäre. Weiterhin ist wichtig, daß sich alle Planeten in einer Richtung auf elliptischen Bahnen, die praktisch in derselben Ebene liegen, um die Sonne drehen. Bis auf Uranus rotieren die Planeten in derselben Richtung um ihre eigenen Achsen. Tabelle 2 enthält eine Reihe von Eigenschaften der Planeten. Die Größe nimmt von Merkur bis Jupiter zu und dann wieder bis Pluto auf Merkurgröße ab (Ausnahme: Mars). Merkur, Venus und Erde haben etwa gleiche Dichte; bis auf Mars unterscheidet sich die Dichte der restlichen Planeten nicht erheblich von der der Sonne. Wasserstoff, Kohlenstoff und Stickstoff bzw. deren Verbindungen haben offensichtlich großen Anteil an der Atmosphäre der verschiedenen Planeten. Die Kenntnisse über die Gashülle der ferneren Planeten sind noch keineswegs befriedigend. Aus der Abplattung, der Rotationsperiode und dem Verhalten von Satelliten kann man Schlüsse auf die Dichteverteilung im Innern der Planeten ziehen.

Wenn man die Hypothesen der Sternentwicklung auf die Sonne anwendet, so hat sich wahrscheinlich im Lauf der Kontraktion und Erhitzung eine flache Scheibe eines Gas-Staub-Gemisches von einem zentralen Sternvolumen abgesondert (Kant, Laplace — von Weizsäcker, Kuiper). Der scheibenförmige Nebel teilte sich in turbulenter Bewegung in selbständig akkumulierende Protoplaneten. Diese erhöhten ihre Temperatur durch Kontraktion des primären Staub-Gas-Gemisches unter großen Materieverlusten zu Planeten. Nach Urey (1952) existierten die im Sonnengas häufigen Elemente H, O, N und C in den Protoplaneten wahrscheinlich in Form der stabilen Moleküle H_2O, NH_3, CH_4. Auf Venus und Erde waren Sonnenabstand (Oberflächentemperatur) und Gaspartialdruck möglicherweise optimal zur Kondensation von Wasser und Ammoniak. Diese Kondensation hat den Akkumulationsprozeß von Staub erleichtert. Die relative Anreicherung von Sauerstoff, Stickstoff, Kohlenstoff und Schwefel gegenüber dem im Kosmos gleich häufigen Neon zeigt, daß die zuerst genannten Elemente in leicht kondensierbaren Verbindungen während der Bildung der Erde und ihrer Nachbarn bei niedrigen Temperaturen existierten. Sie konnten somit besser als das Neon im Schwerefeld der Erde gehalten werden.

Die frühe Geschichte der Erde und der anderen Planeten war von der kosmischen Häufigkeit der Elemente, der Temperatur des akkumulierenden Planeten (Sonnenabstand und Gravitationsenergie), von seinem Schwerefeld (Verlust leichtflüchtiger Moleküle) und von den Eigenschaften der chemischen Verbindungen, die sich unter den gegebenen Bedingungen bildeten, abhängig.

Rubey (1951), Urey (1952) und Kuiper (1954) haben Überlegungen über die Art der *Uratmosphäre der Erde* auf der Grundlage irdischer, kosmischer und thermodynamischer Daten angestellt. Urey nahm dafür Me-

Tabelle 2

Daten für das Planetensystem

	Sonne	Merkur	Venus	Erde	Mars	Jupiter	Saturn	Uranus	Neptun	Pluto
Masse (rel. zur Erde)	332 000	0,05	0,81	1,00	0,11	318	95	14,5	17,3	0,03?
Radius (in Kilometern)	695 000	2500	6200	6371	3400	71 000	57 000	25 800	22 300	2900
Volumen (rel. zur Erde)	1 300 000	0,06	0,92	1,00	0,15	1312	734	64	43	0,1
Dichte (g/ccm)	1,41	5,1	5,0	5,52	3,9	1,33	0,71	1,27	2,22	2?
Max. Oberflächentemp. (in °C)	5500°	~400°	300°	60°	30°	—138°	—153°	—184°	—200°	—220°
Gase in der Atmosphäre	H, He, O, Fe, N, Mg, C, Si	keine	N_2, CO_2	N_2, O_2, Ar, CO_2	N_2, CO_2, (H_2O) Ar,	CH_4, NH_3 (N, H, He?)	CH_4, NH_3 (N, H, He?)	CH_4, (N, H, He?)	CH_4, (N, H, He?)	?
rel. Sonnenabstand	—	3,9	7,2	10	15,2	52	95	192	301	

than, Ammoniak, Wasser, Wasserstoff (die beiden letzteren in etwa gleichen Teilen), Stickstoff und untergeordnet Kohlendioxyd und Schwefelwasserstoff an. Rubey glaubte, daß die Uratmosphäre hauptsächlich aus H_2O, CO_2, N_2 und H_2S bestanden hat. Diese Annahme entspricht einem höheren primären Gehalt an Sauerstoff.

Kürzlich wurden in einigen Steinmeteoriten relativ hohe Gehalte an He und Ne gefunden, die nicht durch radioaktiven Zerfall bzw. kosmische Strahlung in situ entstanden sein können. Die Autoren deuten diese als Einschlüsse von Urgasen des Planetensystems. Der Chondrit Tabor enthält z. B. ein Gasverhältnis $He^4 : Ne^{20} = 540$; das entspricht etwa dem von Suess, Urey (1956) für den Kosmos angegebenen Verhältnis, ist aber kleiner als das von Cameron geschätzte.

Meteorite

Wenn die Meteorite primär zu unserem Planetensystem gehören, kann ihre Zusammensetzung wichtig für Überlegungen über den Erdaufbau sein. Grundsätzlich können kosmische Körper jeder Größe mit der Erde kollidieren. Die Wahrscheinlichkeit der Kollosion nimmt mit der Größe des Meteoriten ab. Große Mengen *kosmischen Staubes* lagern sich ständig auf der Erdoberfläche ab. Ein Meteorit mit einer Masse von etwa 0,1 t verliert eine kosmische Geschwindigkeit von 40 km/sec völlig durch die Reibung in der Erdatmosphäre und fällt die letzten 20 km bis zur Erdoberfläche in der durch die Massenanziehung bedingten Geschwindigkeit. Staub (0,001—10 mm Korndurchmesser) muß demnach schon in der äußeren Atmosphäre (100—150 km Höhe) abgebremst werden und frei fallen. Die Reibungswärme führt zum Verdampfen und zur Gasanregung (Sternschnuppen). Durch Radar-Echomethoden sind Bahnbestimmungen möglich. In den letzten Jahren wurden zahlreiche Abschätzungen der jährlichen Ansammlung kosmischen Staubs auf der Erde veröffentlicht; am wahrscheinlichsten sind Mengen von 10^5—10^6 t/Jahr. Diese Staubpartikel lassen sich demnach mit einigem Erfolg nur in Sedimenten auffinden, die sich sehr langsam bilden oder sehr einförmig zusammengesetzt sind. Als Beispiele solcher Sedimente seien die pelagischen Tone des Pazifik (Sedimentbildungsgeschwindigkeit <1 mm/tausend Jahre) oder das Eis der Antarktis genannt. Murray hatte schon 1876 die feinen kosmischen Kügelchen (Korngrößen häufig $\sim 20\,\mu$) in diesem Ton gefunden und darüber in den Proceedings Royal Society Edinburgh berichtet. Frederiksson (1958) bestätigte die kosmische Herkunft durch Nickelanalysen mit der Elektronen-Mikrosonde. Eine Bilanzrechnung kann zeigen, daß die Hauptmenge des Nickelgehaltes der Tiefseesedimente allerdings nicht durch diesen Staub geliefert wird, sonst müßte auch ihr Chromgehalt höher sein. Die Bilanz geht von der Annahme aus, daß der Staub von Eisen- und Steinmeteoriten stammt. Nur Eisenmeteorite haben sehr hohe Nickelgehalte, Steinmeteorite dagegen Chromgehalte in der Größenordnung von zehntel Prozenten.

Meteorite von hundert Tonnen Masse prallen mit halber kosmischer Geschwindigkeit auf die Erdoberfläche auf. Bei großen Meteoriten kann die Reibungswärme während der kurzen Flugzeit nur eine dünne äußere Schicht des kompakt erhaltenen Stückes erhitzt haben. Die durch Erhitzung stärker beanspruchten Teile platzen beim Flug durch die Atmosphäre ab. Wenige Zentimeter unter der Oberfläche hat der Meteorit seine ursprünglichen Gehalte an leichtflüchtigen Bestandteilen behalten, wie K/Ar-Verhältnisse und Kohlenwasserstoffanalysen für Proben aus verschiedenen Teilen eines Meteoriten beweisen. Die mehr als 20 000 *Krater* auf dem Mond (der größte hat mehr als 200 km Durchmesser und 5 km Tiefe) zeigen, wie häufig Zusammenstöße mit großen meteorischen Massen im Laufe geologischer Zeiten stattfinden. Erosion und Sedimentation haben auf der Erde während ihrer Geschichte wahrscheinlich die Spuren von vielen Einschlagskratern verwischt; man kennt hier jetzt schon mehr als 20 große Meteoriten-Krater. Für eine größere Anzahl ähnlicher Strukturen muß der Nachweis der Bildung durch Einschlag noch erbracht werden. Das Vorkommen von Hochdruckmodifikationen die SiO_2 (Coesit, Stishovit) und von Nickeleisen-Kügelchen in Einschlagsbreccien ermöglicht in günstigen Fällen diesen Nachweis. Die Aufschlagsenergie der großen Meteorite ($\gtrsim$ 100 t Masse) reicht aus, um ihre Materie weitgehend verdampfen zu lassen. Die *Bahn- und Geschwindigkeitsbestimmung* der Meteorite ist mangels objektiver gleichzeitiger Beobachtung von verschiedenen Standorten aus nur in wenigen Fällen so sicher, daß sie Hinweise auf die Herkunft der kosmischen Objekte gibt. Für den von 2 Standorten aus photographierten Fall des Pribram Chondriten (7. 4. 1959) paßt die extrapolierte Bahn zu einer Ellipse des sogenannten Asteroidengürtels zwischen Mars und Jupiter. Nach der Regelmäßigkeit des Planetenabstandes von der Sonne müßte sich auf dieser Ellipse eigentlich ein Planet befinden; statt dessen gibt es dort nur eine Reihe kleinerer Körper von maximal 800 km Durchmesser (Ceres). Die Höchstgeschwindigkeit auf elliptischen Bahnen um die Sonne ist annähernd 42 km/sec, die der Erde ~ 30 km/sec. Schneller als 42 km/sec auftreffende Meteorite können also nur von Parabel- oder Hyperbelbahnen stammen oder entgegengesetzt zur Planetenrichtung fliegen. Eine 15monatige Echo-Beobachtung ergab in Kanada radioteleskopisch für 11 000 Meteore nur 0,3 % parabolische Bahnen. Die Mehrzahl der Messungen spricht für Herkunft aus unserem Planetensystem. Die Sicherheit der notwendigen Extrapolation sollte allerdings nicht überschätzt werden.

Da Staub und Riesenmeteorite für die Untersuchung der Zusammensetzung der kosmischen Materie nicht zur Verfügung stehen, soll im Folgenden ausführlich die Struktur und der Stoffbestand der Meteorite mittlerer Größe besprochen werden. Es sind mehr als 1500 belegte Fundorte von Meteoritenfällen bekannt. Während der starken einseitigen Druck- und Temperaturbeanspruchung sind viele große Meteorite in kleine Stücke zerplatzt. Die Literatur berichtet über Schauer von tausenden bis maximal hunderttausenden einzelner Proben, die häufig über eine Dispersions-Ellipse von mehreren Kilometern Länge verstreut liegen. Viele Meteorite werden mit unterschiedlichen Namen zitiert. Ein zuverlässiges Nachschlagewerk für die Fundorte ist der Katalog von Prior (Auflage 1953 von Hey). Die Funde können nur einen kleinen Teil der tatsächlichen Kollisionen mittelgroßer Meteorite mit der Erde ausmachen. Die Anzahl der Funde hängt u. a. von der Bevölkerungsdichte und -bildung sowie der Bodenbeschaffenheit ab. H. Brown (1961) schätzte die Fallrate für die ganze Erde auf 500 Meteorite/Jahr; nur jeder hunderste davon wird entdeckt.

Die *Einteilung der Meteoritenarten* nach Mineralbestand und Struktur ist am gebräuchlichsten. Eine häufig verwandte Klassifikation stammt von Rose-Tschermak-Brezina (1904) und benutzt ohne Hilfsmittel erkennbare Kennzeichen wie Farbe und Struktur. Petrographisch klarer ist die Einteilung von Prior (1920), erweitert von Mason (1962), die in der folgenden Tabelle 3 zusammengefaßt worden ist.

Man unterscheidet bei den Meteoriten „Fälle" und „Funde". Nur bei „Fällen" ist der Meteorit in der Luft beobachtet und dann aufgefunden worden. Die Statistik der Fälle schließt die Bevorzugung der Eisenmeteorite durch leichtere Entdeckung und bessere Erhaltung im Boden aus. Die Fundstatistik hat wenig Aussagewert über die Häufigkeit der Typen. Sie mag in Europa sogar durch die vor- und frühgeschichtliche

Tabelle 3

		Klasse	Häufigste Minerale
Steinmeteorite	Chondrite	Enstatit-Ch.	Enstatit, Nickeleisen
		Olivin-Bronzit-Ch.	Olivin, Bronzit, Nickeleisen
		Olivin-Hypersthen-Ch.	Olivin, Hypersthen, Nickeleisen
		Olivin-Pigeonit-Ch.	Olivin, Pigeonit
		Kohlige Chondrite	Serpentin
	Achondrite	Aubrite	Enstatit
		Diogenite	Hypersthen
		Chassignite	Olivin
		Ureilite	Olivin, Pigeonit, Nickeleisen
		Angrite	Augit
		Nakhlite	Diopsid, Olivin
		Eukrite	Pigeonit, Plagioklas
		Howardite	Hypersthen, Plagioklas
Steineisenmeteorite	(Siderolite, Lithosiderite meist mit zusammenhängendem Nickeleisen)	Pallasite	Olivin, Nickeleisen
		Siderophyre	Bronzit, Tridymit, Nickeleisen
		Lodranite	Bronzit, Olivin, Nickeleisen
		Mesosiderite	Pyroxen, Plagioklas, Nickeleisen
Eisenmeteorite	Siderite	Hexaedrite	Kamazit
		Oktaedrite	Kamazit, Taenit
		Ataxite	Taenit

Ausnutzung des Eisens als Werkstoff beeinflußt worden sein. Einander ähnliche Fallstatistiken ergeben sich nach dem Katalog von Prior, Hey (1953) und den Veröffentlichungen von Watson (1956) und Keil (1962). Zu Tabelle 4 ist die detaillierte Aufstellung von Keil verwendet worden. Für eine Häufigkeitsstatistik innerhalb der Eisenmeteorite oder der Chondrite kann man natürlich die größeren Zahlen der „Funde“ verwenden. So ist das Verhältnis Hexaedrite : Oktaedrite : Ataxite wie 9,5 : 84 : 6,5 und das Verhältnis Olivin-Orthopyroxen-Chondrite : Enstatit-Chondrite : Olivin-Pigeonit-Chondrite : Kohlige Chondrite wie 96 : 1,1 : 1,2 : 1,7. Unter den Steineisenmeteoriten sind die Pallasite besonders häufig.

Tabelle 4. Häufigkeit und Gewichtsanteil von bestimmten Meteoritenfällen von 1492—1961 (Keil 1962)

	Zahl der Fälle	Häufigkeit %	Gewicht kg	Gewicht %
Achondrite	55	7,88	1 625	4,38
Kohlige Chondrite	17	2,44	104	0,28
Chondrite	575	82,37	10 777	29,02
Gesamte Chondrite	592	84,81	10 881	29,30
Ges. Steinmeteorite	647	92,69	12 506	33,68
Siderolite	9	1,29	575	1,55
Lithosiderite	3	0,43	46	0,12
Hexaedrite, Oktaedrite u. Ataxite	39	5,59	24 000	64,65
Gesamt	698	100	37 127	100

Augenblicklich sind mehr als 40 *Minerale* aus Meteoriten bekannt; von diesen wurden 10 bisher nicht aus irdischen Vorkommen beschrieben (in Tabelle 5 *kursiv*). Sie lassen deshalb auf besondere Bildungsbedingungen rückschließen.

In Tabelle 5 sind die häufigeren und die ausschließlich bisher in Meteoriten gefundenen Minerale mit ihren wesentlichen Eigenschaften und Vorkommen zusammengestellt worden.

Ferner wurden relativ selten oder in sehr kleinen Mengen gefunden: Alabandin, Bloedit (in einem kohligen Chondrit), Calzit (in einem kohligen Chondrit), Magnetkies, Chalkopyrrhotit [(Cu, Fe)S], Kupfer, Cristobalit, Diamant, Epsomit (in kohligen Chondriten), Gold, Gips (in kohligen Chondriten), Magnesit (in kohligen Chondriten), Pentlandit, Pyrit, Quarz, Schwefel (in kohligen Chondriten), Spinell, Zinkblende, Valleriit, Zirkon.

Die Eisenmeteorite gehören nach der Fundstatistik zur zweithäufigsten Gruppe der Meteorite. Da die Erde wegen ihrer Dichte und Dichteverteilung einen Kern aus Eisen haben kann, finden sie unser besonderes Interesse.

Die Einteilung der Eisenmeteorite beruht auf ihrer Struktur. Die *Oktaedrite* sind die weitaus häufigsten Vertreter. Sie bestehen aus einer regelmäßigen Verwachsung von Kamazit und Taenit (s. Tabelle 5). Diese Struktur ist durch Anätzen von Schnittflächen sichtbar zu machen; ihr Bild heißt Widmanstättensche Figuren; die Figuren unterscheiden sich in der Lage des Schnittes zum Oktaeder des γ-Fe. Die breiteren Bänder des Kamazits mit niedrigem Nickelgehalt sind verwachsen mit dünneren Lamellen von nickelreichem Taenit. In Zwickeln findet sich die feinkörnige Verwachsung Plessit von α_2- und γ-Fe. Mit wachsender Bandbreite steigt der Anteil der α-Phase am Meteoriten, entsprechend sinkt der Nickelgehalt. Die groben Oktaedrite (1,5—>2,5 mm Bandbreite) enthalten 6—8 % Ni, die

Tabelle 5

Hauptbestandteile:			Vorkommen
Kamazit	α-(Fe, Ni) ~ 5,5 % Ni	kubisch raumzentr. Spaltbarkeit nach (100), Zwillinge nach (111)	häufigstes Sideritmineral (bis auf Ni-reiche Ataxite) sonst in Steineisenmeteoriten und meisten Chondriten
Taenit	γ-(Fe, Ni) 27—65 % Ni	kubisch flächenzentr. keine Spaltbarkeit	Zweithäufiges Mineral in Ataxiten, Oktaedriten sonst in Steineisenmeteoriten und meisten Chondriten
Olivin	$(Mg, Fe)_2 SiO_4$ meist 15—25 % Fe_2SiO_4	rhomb.	häufigstes Chondritmineral (außer Enstatit-Ch.), ferner in Pallasiten, einigen Achondriten
Orthopyroxene	$(Mg, Fe)_2 Si_2O_6$ meist 0—30 % $FeSiO_3$	rhomb.	in den meisten Chondriten, vielen Steineisenmeteoriten, Achondriten

Hauptbestandteile:			Vorkommen
Klinopyroxene (meist Piogenite, seltener Diopside)	$(Mg, Ca, Fe)_2 Si_2O_6$	monokl.	in Ca-reichen Achondriten und einigen Chondriten, Steineisenmeteoriten
Plagioklase	$(Ca, Na) Al (Al, Si) Si_2O_8$	trikl.	in Chondriten 5—10 % Oligoklas, in Achondriten meist Bytownit
Serpentin	$Mg_3Si_2O_5(OH)_4$	monokl.	in kohligen Chondriten

Häufige Nebenbestandteile:			Vorkommen
Troilit	FeS	hex.	in fast allen Meteoriten, in Chondriten 5—6 %, in Sideriten etwa 0,5 %
Schreibersit (Rhabdit)	$(Fe, Ni)_3 P$	tetr.	in fast allen Sideriten und in vielen Chondriten, Steineisenmeteoriten
Cohenit	$(Fe, Ni)_3 C$	rhomb.	in Sideriten mit geringem Ni-Gehalt, in Enstatit-Chondriten

Häufige Nebenbestandteile:			Vorkommen
Daubréelith	$FeCr_2S_4$	kub.	in vielen Sideriten, meist Hexaedriten und in Enstatit-Chondriten
Chromit	$FeCr_2O_4$	kub.	in fast allen Steinmeteoriten (0,25 %), einigen Steineisenmeteoriten und Sideriten
Magnetit	Fe_3O_4	kub.	in kohligen Chondriten und einigen Chondriten, Achondriten, sekundär in Schmelzrinden
Apatit	$Ca_5(PO_4)_3\,OH$	hex.	rund 0,5 % in Steinmeteoriten
Tridymit	SiO_2	rhomb.	in Ca-reichen Achondriten, Steineisenmeteoriten
Graphit	C	hex.	häufig in Sideriten (0,1 % C), auch in einigen Achondriten und Enstatit-Chondriten, kohlige Chondrite bis 5 %,
Ilmenit	$FeTiO_3$	trig.	häufig in Chondriten (~ 0,2 %)

Seltene Nebenbestandteile, die nur in Meteoriten vorkommen:

			Vorkommen
Oldhamit	CaS	kub.	wahrscheinlich in allen Enstatit-Chondriten, Enstatit-Achondriten
Osbornit	TiN	kub.	in einem Enstatit-Achondriten gefunden
Lawrencit	$FeCl_2$	trig.	in einigen Sideriten, Pallasiten, (Chondriten?)
Merrillit	$Na_2Ca_3(PO_4)_2O$	(?)	in Chondriten
Farringtonit	$Mg_3(PO_4)_2$		in einem Pallasit
Sinoit	Si_2N_2O		in einem Enstatit-Chondrit
Ureyit	$NaCrSi_2O_6$	monokl.	in Sideriten
Merrilmeit	$(K, Na)_2(Fe, Mg)_5Si_{12}O_{30}$		in einem Chondrit

feinen (< 0,2—0,5 mm Bandbreite) haben 8—14 % Ni. Zwischen grobbänderigen Oktaedriten und Hexaedriten einerseits und zwischen feinstruierten Oktaedriten und *Ataxiten* andererseits gibt es alle Übergänge. Am häufigsten sind Nickelgehalte der Oktaedrite um 8 %. Die grobkörnige Struktur macht Überlegungen über die notwendigen Diffusionsbedingungen für Nikkel zu einer wichtigen genetischen Aussage.

Die *Hexaedrite* bestehen normalerweise aus großen Kamazitkristallen und sind dadurch chemisch sehr homogen mit ~ 5,5 % Ni und 0,5 % Co. Zwillingslamellen nach (112) — bekannt als Neumannsche Linien — können das Produkt mechanischer Beanspruchung sein.

Um die *Bildungs- und Stabilitätsbedingungen* der Eisenmodifikationen zu diskutieren, bietet sich für vereinfachende Betrachtungen das System Fe-Ni an. Der Einfluß von Co auf das System kann wegen der Ähnlichkeit zum Ni vernachlässigt werden. Die mittleren Gehalte von 0,22 % P, 0,16 % S und 0,11 % C in Eisenmeteoriten können sich bereits auf die Lage von Phasengrenzen im genannten System auswirken. Aus reinen Eisenschmelzen scheidet sich ab 1540 °C die δ-Modifikation aus, die sich ab 1400 °C in die γ- und ab 910 °C in die α-Modifikation (Kamazit) umwandelt. Im System mit Nickel ist nach steigendem Nickelgehalt unter 910 °C die α-, die $\alpha + \gamma$- oder die γ-Modifikation (Taenit) bei Normaldruck existent. Die Zusammensetzung niedrigsten Schmelzpunktes (1430 °C) liegt bei Nickelgehalten von 68 %. Die Subsolidusbeziehungen sind zur Interpretation der Sideritstrukturen sehr wichtig (Abbildung 3 nach Uhlig [1954] [1955]). Lovering (1957) nahm an, daß die sehr unterschiedlichen Nickelgehalte der Siderite zwischen 5 und etwa 60 % durch fraktionierte Kristallisation ohne Einstellung der Gleichgewichte zwischen fester Phase und Schmelze entstanden sind.

Da die Subsolidusbeziehungen in dem von Owen, Liu (1949) publizierten System Fe-Ni nur für Normaldruck gelten, hat Uhlig die Verschiebung der Phasengrenzen bei Erhöhung des Druckes auf $2 \cdot 10^5$ atm abgeschätzt. Das Diagramm für Normaldruck kann nicht erklären, daß in den Meteoriten mit Gehalten über etwa 27 % Ni nur noch Taenit vorkommt (Ni-reiche Ataxite); es sei denn, diese sind von >550 °C bis unter 300 °C abgeschreckt worden. Da alle Eisenkristalle den Existenzbereich der γ-Phase durchlaufen haben, ist die Ausscheidung der zusätzlichen Phase α-Fe nur nach Diffusion im festen Zustand möglich. Die Widmanstättenschen Figuren entstehen durch Absatz von

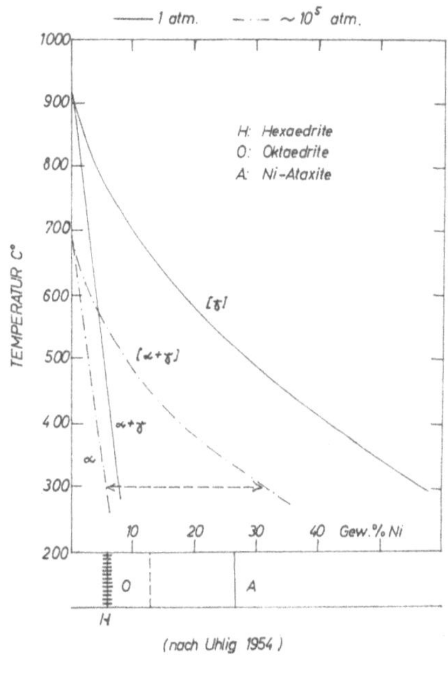

Abb. 3. Subsolidusbeziehungen im System Fe-Ni.

α-Fe auf den bereits vorhandenen Lamellen der Taenit-Oktaeder als Pseudomorphosen. Das Diagramm von Abbildung 3 zeigt, daß die Ausscheidungstemperatur von α-Phase mit dem Nickelgehalt und dem Druck sinkt. Derselbe Effekt tritt durch Schwefel- und Phosphorbeteiligung am System ein. Im Bereich zwischen 300—400 °C wird allerdings die Diffusion von Ni, die zur Phasentrennung notwendig ist, so gering, daß gut sichtbare Bänder von Kamazit nicht in den zur Verfügung stehenden Zeiten gebildet worden sein können. Die $\gamma \rightarrow \alpha$-Umwandlung findet für Nickelgehalte von 15 bis 30 % bei Drucken von $\sim 2 \cdot 10^5$ atm in dem genannten Temperaturbereich niedriger Diffusionsrate statt. In den entsprechenden Meteoriten treten Widmanstättensche Figuren praktisch nicht auf.

Uhlig sah darin den Beweis, daß die Meteorite aus Körpern stammen, in denen bei mindestens Mondgröße derartige Drucke herrschten. Mehrere Autoren deuteten den feinkörnigen Plessit mit der metastabilen α_2-Phase als Abschreckungsprodukt einer plötzlichen Druckerniedrigung (Zerplatzen eines größeren Körpers). — Nach den Analysen von chemischen Nebenbestandteilen wie Ga, Ge und Cr bilden die Eisenmeteorite mindestens 4 Gruppen. Diese Beobachtung ist mit der Annahme eines chemisch einigermaßen homogenen Ausgangsmaterials für die Bildung der Eisenmeteorite kaum verträglich.

Wie Tabelle 4 zeigt, sind die Steineisenmeteorite mit rund 2 % Anteil an den leicht unterscheidbaren Gruppen ziemlich selten. Die Pallasite enthalten als häufigste Typen fast ausschließlich Olivin sowie Kamazit und Taenit in der Metallphase (meist in Widmanstättenschen Verwachsungen). Im Gegensatz zu den Pallasiten hängt die Metallphase in den Mesosideriten im allgemeinen nicht zusammen. Pyroxene (Hypersthen) und Plagioklase als wesentliche Vertreter der Silikate haben oft eine kataklastische Struktur. Chemisch und mineralogisch ist der Silikatanteil den Ca-reichen Achondriten verwandt.

Die Chondrite sind die häufigsten Vertreter der Steinmeteorite. Sie haben ihren Namen von Kügelchen im Größenbereich von 0,1 bis wenige Millimeter Durchmesser, die meist aus sphärolithischen Aggregaten einer der wesentlichen Silikatarten des betreffenden Meteoriten aufgebaut sind. Bei Achondriten fehlt diese charakteristische Struktur. Prior (1920) fand Beziehungen zwischen den Metallgehalten und den Eisenkonzentrationen der Silikate in den Chondriten und benutzte diese und den Mineralbestand für seine Einteilung der Steinmeteorite. Er stellte eine direkte Abhängigkeit zwischen Metallgehalt und Fe/Ni-Verhältnis der Metallphase fest. Die Olivin-Hypersthenchondrite enthalten nach seinen Beobachtungen vorwiegend Taenit. Die zweite *Priorsche Regel* befaßte sich mit dem nach seiner Meinung konstanten Eisengehalt der Chondrite: je kleiner der Anteil der Nickeleisenphasen, um so höher ist das FeO/MgO-Verhältnis der Silikatminerale. Mason (1962) erweiterte die von Prior eingeführte Klassifikation um die Gruppen der Olivin-Pigeonit-Chondrite und der kohligen Chondrite, die Prior zu den Hypersthen-Chondriten gezählt hatte. Vor allem die Gruppe der an metallischen Eisen armen kohligen Chondrite gewinnt an Bedeutung für die Diskussion der Genese. Sie ist den anderen Steinmeteoriten in der Mineralzusammensetzung wenig verwandt. Wenn man die chemischen Analysen der verschiedenen Chondrit-Typen nach Abzug von Sauerstoff, Schwefel, Kohlenstoff, Wasserstoff (also den leicht flüchtigen Elementen) vergleicht, zeigen sie beachtliche Ähnlichkeiten. Dieser Befund läßt eine gemeinsame Entstehung unter unterschiedlicher Einwirkung der bei der Bildung zur Verfügung stehenden Gase vermuten. Die größten Unterschiede zwischen verschiedenen Typen finden sich in den Eisengehalten (± 15 % vom Mittel der bei Mason [1962] zitierten repräsentativen Analysen) und den Nickel-Kobaltkonzentrationen. Auch diese lassen sich u. U. auf die Flüchtigkeit von Eisenverbindungen zurückführen (s. Vorkommen von Lawrencit). Prior hatte die Unterschiede zwischen den Chondrittypen auf magmatische Kristallisation unter fortschreitend zunehmenden oxydierenden Bedingungen zurückgeführt. Nach ihm waren die Enstatitchondrite die ersten Bildungen. Ringwood (1961) nahm umgekehrt eine sukzessive Reduktion eines Ausgangsmaterials in der Zusammensetzung kohliger Chondrite für die verschiedenen Chondrittypen an. Die verschiedenen Reduktionsstadien sind unter steigenden Bildungstemperaturen entstanden. Beide Hypothesen stehen nicht im Widerspruch zu dem Anstieg des Nickelgehalts in dem abnehmenden Anteil metallischer Phasen, da Eisen leichter oxydiert wird als Nickel.

Urey und Craig (1953) äußerten wegen des oben erwähnten Unterschiedes im absoluten Eisengehalt zwischen zwei Gruppen von Analysen Bedenken gegen die Annahme eines einheitlichen Bildungsvorganges für alle Chondrittypen. Diese Autoren nannten die Gruppen nach ihren relativ hohen oder niedrigen Eisengehalten H- und L-Typen. Eine Bestätigung ihres Befundes ist in dem Diagramm der Abbildung 4 (nach Mason [1962]) zu erkennen. Mason hat bemerkt, daß die einzelnen Chondrittypen in ihren Gehalten an metallischem und silikatischem Eisen an klar zu unterscheidende Bereiche gebunden sind. Zwischen einzelnen dieser Bereiche fehlen Übergangstypen, die einen einheitlichen Bildungsvorgang verständlich machen könnten. Die bisherigen Hypothesen für die Genese liefern noch keine Erklärung dafür, daß gerade die Olivin-Hypersthenchondrite relativ niedrige Gesamteisengehalte haben. Die Eisengehalte sind bis auf die kohligen Chondrite regelmäßig auf die Pyroxen- und Olivinphasen verteilt (Frederiksson, Keil [1964]).

Abb. 4. Die Eisengehalte der Chondrittypen.

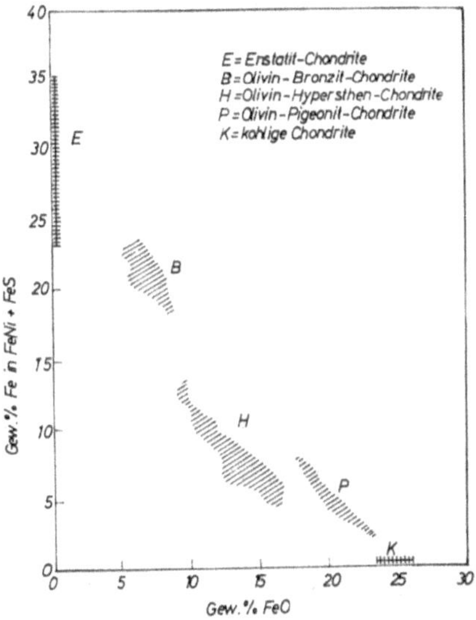

Diese Verteilungsgleichgewichte lassen sich nicht durch zufällige Aggregatbildung aus präexistenten Silikaten erklären. Nur die kohligen Chondrite und die polymikten, brecciösen Chondrite enthalten Fragmente, die keine chemischen Beziehungen zueinander haben. Für die Struktur der Chondren gibt es keinen befriedigenden Vergleich mit irdischen Gesteinen. Die Beobachtung, daß kohlige Chondrite selten Chondren enthalten, kann für die Bildungshypothesen wichtig sein. Sie haben, wahrscheinlich infolge der relativ niedrigen Bildungstemperaturen, höhere Gehalte an den leicht flüchtigen Elementen Hg, Tl, Bi, Pb als die anderen Chondrite. Neben den lange bekannten Kohlenwasserstoffen (bis C 30) enthalten die kohligen Chondrite komplexe organische Verbindungen mit N, S und Cl. Das primäre Vorkommen spezifisch organogener Substanzen und Strukturen in ihnen ist umstritten.

Brown und Patterson (1947, 1948) benutzten das Gleichgewicht der Reaktion

$$Ni + Fe\,SiO_3 \leftrightharpoons Fe + Ni\,SiO_3$$

zur Abschätzung des Druckes bei der Bildung der Chondrite. Sie ermittelten aus den Chondritanalysen eine Gleichgewichtskonstante für die oben angeführte Reaktion von $K = 0{,}24$. Zur Strassen (1930) untersuchte diese Reaktion experimentell und fand für eine Temperatur von 1750 °C eine Gleichgewichtskonstante von $K_{1750} = 6{,}5 \cdot 10^{-3}$. Schwefel hat auf dieses Gleichgewicht einen Einfluß; der Schwefelgehalt der verschiedenen Chondrittypen ist aber einigermaßen konstant. Den Unterschied zwischen den aus Analysen ermittelten und experimentell gefundenen Gleichgewichtsverhältnissen führten Brown und Patterson auf einen Druck von größenordnungsmäßig 10^5 atm am Bildungsort der Chondrite zurück. Eigene Abschätzungen, die wegen der wenigen Nickelanalysen von Chondritsilikaten nur begrenzten Wert haben, bestätigen den Befund und zeigen eine kontinuierliche Abnahme der Gleichgewichtskonstanten von $K = 0{,}X$ bis $K < 0{,}0X$ in der Reihe von Enstatit-Chondriten bis zu Olivin-Pigeonit-Chondriten. Da ein Teil des Nickelgehaltes der kohligen Chondrite als Pentlandit vorkommt, kann man diese in den Abschätzungen nicht berücksichtigen. Die Verteilung der Metallphasen setzt die Erwärmung bis zur Schmelztemperatur des Eisens voraus. Die Reduktion des Fe^{2+} (wahrscheinlich durch CO) beginnt bereits bei ~ 350 °C. Bei einigermaßen konstanter Temperatur und konstantem Schwefelpartialdruck muß man die Abnahme der Gleichgewichtskonstanten als Funktion des Druckgradienten deuten.

Absolute Altersbestimmungen an Meteoriten lieferten in den vergangenen Jahren wichtige Daten für ihre kosmische Geschichte. Eine größere Anzahl von Werten, die nach der K/Ar-Methode ermittelt wurden, liegt bei Chondriten zwischen 4 und 4,5 Milliarden Jahren. Da sich die Erwärmung der Objekte auf wenige hundert Grad in Argonverlusten bemerkbar macht, kann sich die Hauptmenge der Chondritsubstanz während der letzten 4 Milliarden Jahre nicht in großen kosmischen Körpern befunden haben. Ein Asteroid in der doppelten Größe der Ceres, also mit 800 km Radius, erwärmt sich durch die in Chondriten vorhandenen aktiven Isotope U^{238}, Th^{232} und K^{40} in seinem Kern auf 700 °C. Ein geschmolzener Körper in Mondgröße braucht nach Urey (1957) eine Abkühlungszeit entsprechend dem Alter des Sonnensystems. Diese die Bildungshypothesen von Meteoritenkörpern einschränkenden Bedingungen weisen auf relativ kleine, örtlich stark erwärmte (vielleicht durch abgeklungene radiogene Prozesse) und dann schnell abgekühlte Massen als Ausgangsmaterial der Chondrite hin, die später durch Kollision aufgebrochen sind. Anders und Goles (1961) haben darauf aufmerksam gemacht, daß die durch den Aufprall freiwerdende Energie mit der Größe der kollidierenden Körper wächst. Bei Körpern in Mondgröße setzt sich diese Energie ohne Berücksichtigung der kinetischen Energie fortfliegender Teile in eine Erwärmung auf mehr als 3000 °C um. Diese Erwärmung würde alle durch Phasentrennung im Ausgangskörper entstandenen Strukturen auslöschen. Die Einförmigkeit aller Chondrittypen in einer Reihe von Mineralen erleichtert die Annahme von einem oder wenigen Ausgangskörpern. Die nach der Stoffsonderung zu den heutigen Chondrittypen vor mehr als 4 Milliarden Jahren eingetretene Katastrophe hatte zahlreiche Kollisionen der dabei gebildeten Bruchstücke zur Folge. Anders lassen sich viele Breccien-Strukturen, Gangbildungen mit partiellen Schmelzerscheinungen und die *kosmischen Bestrahlungsalter* nicht erklären. Die kosmische Strahlung erzeugt in den Oberflächenschichten der Meteoritenbruchstücke in Kernprozessen He^3, Si^{32}, Ar^{36}, Cl^{36}, K^{40}, Ti^{44} und andere Kernarten. Die Verteilung der Bestrahlungsprodukte erlaubt die Rekonstruktion der Größe des Meteoriten vor Eintritt in die Atmosphäre und sein Bestrahlungsalter im Kosmos. Dieses liegt im Bereich von 10^6—10^8 Jahren bei Steinmeteoriten und von 10^8—10^9 Jahren bei Eisenmeteoriten.

Die A c h o n d r i t e sind eine heterogene Gruppe von Steinmeteoriten, die in einigen Typen (0—3 % CaO) den Chondriten oder Peridotiten, in anderen (5—15 % CaO, selten 25 % CaO) gabbroiden Gesteinen nahe stehen. Die Unterteilung der beiden Gruppen nach Prior ist bereits in Tabelle 3 aufgeführt worden. Nickeleisen fehlt in den meisten dieser Typen; in einigen kommt es als Kamazit vor. Der Ca-Gehalt steigt mit dem Eisensilikatanteil. Troilit ist gewöhnlich ein akzessorischer Bestandteil. Die Pyroxen-Plagioklas-Achondrite (Eucrite, Howardite) sind die häufigsten Typen. Sie ähneln auch in ihrer Struktur irdischen intrusiven Gesteinen. Zwischen einigen Achondriten kann man Differentiationsbeziehungen vermuten.

Abschließend sind in Tabelle 6 Mittelwerte wichtiger Meteoritengruppen und -typen zusammengestellt worden.

Wenn man den Silikatanteil der Chondrite mit den Achondriten vergleicht, fallen erhebliche Unterschiede im Al-, Mg- und Ca-Gehalt auf.

Die *Tektite* hat man wegen ihrer umstrittenen kosmischen Herkunft in den letzten Jahren besonders ausgiebig untersucht. Sie sind gefärbte Gläser mit > 70 % SiO_2 und < 4 % Alkalien und kommen in Bruchstücken und ausgefallenen Formen an mehreren Stellen der Erde über jeweils größere Flächen verstreut vor. Einige Autoren nehmen an, daß sie durch kosmische Ereignisse aus irdischen Gesteinen entstan-

Tabelle 6

	Mittel der Eisenmeteorite (nach Brown, Patterson [1947/48]) außer*	Mittel der Chondrite (nach Craig, Urey [1953]) außer*	Mittel der Ca-reichen Achondrite (nach Urey, Craig [1953])
SiO_2		38,04	48,65
TiO_2		0,11	0,50
Al_2O_3		2,50	11,71
Cr_2O_3	0,006*	0,37*	0,40
FeO		12,45	16,31
MnO		0,25	0,47
MgO		23,84	9,87
CaO		1,95	10,39
Na_2O		0,98	0,83
K_2O		0,10*	0,27
P_2O_5	0,5*	0,21	0,10
Fe	90,8	11,50*	
Ni	8,6	1,68*	
Co	0,6	0,1 *	
FeS	0,4*	5,7	0,57

den sind. Für ihren kosmischen Ursprung sprechen die kürzlich in einigen Tektiten gefundenen kleinen Nikkeleisen-Kügelchen (Chao 1962).

Der Aufbau der Erde

(Daten über Masse, Volumen und Dimensionen sind in Tabelle 7 zusammengestellt worden). Die Untersuchung des inneren Aufbaus von mehr als 99 Volumenprozent der Erde ist den *Methoden der Geophysik* vorbehalten. Erschwert wird die Auswertung der geophysikalischen Meßwerte durch die Mehrdeutigkeit der Ergebnisse infolge gleicher oder ähnlicher Eigenschaften unterschiedlicher Gesteine. Außerdem ist das Verhalten der Materie bei den extremen Verhältnissen des Erdinneren nur wenig bekannt. Die im Erdzentrum herrschenden Temperaturen werden auf 3000—6000 °C (extreme Annahmen 12 000 °C) und die Drucke auf $3 \cdot 10^6$ bis $4 \cdot 10^6$ atm geschätzt.

Aus der Verteilung der Schwerebeschleunigung kann man den Dichteverlauf im Erdkörper ermitteln. Wesentlichen Aufschluß über die Lage von Diskontinuitätsflächen in der Erdmaterie bekommt man aus der Fortpflanzungsrichtung und -geschwindigkeit von longitudinalen und transversalen Erdbebenwellen. Derartige zusammenhängende Diskontinuitätsflächen schaffen eine Dreiteilung des Erdkörpers in Kern, Mantel und Kruste. Die *Kruste* besteht aus Schichten, in denen die Fortpflanzungsgeschwindigkeit longitudinaler Erdbebenwellen kleiner als 8 km/sec ist. Ihre Untergrenze, die Mohorovičić-Diskontinuität, liegt unter den Kontinenten durchschnittlich 30—40 km, unter dem Ozeanboden im Mittel 6 km tief. In Faltengebirgen hat man größere Krustentiefen als 40 km gefunden. Die Zusammensetzung der Erdkruste, in und auf der sich die wesentlichen geologischen Prozesse abspielen, wird in einem gesonderten Kapitel besprochen.

Die longitudinalen Erdbebenwellen (P-Wellen) erreichen im Material des *Mantels* je nach Tiefenlage Geschwindigkeiten von 8—14 km/sec. In 2900 km Erdtiefe verändert sich die Fortpflanzungsgeschwindigkeit dieser Wellen abrupt zu den niedrigen Werten des äußeren Mantels (8 km/sec). Die nach Wiechert und Gutenberg benannte Diskontinuität erster Ordnung muß auf Materieunterschieden beruhen. Die transversalen Raumwellen (S-Wellen) dringen in den hier beginnenden *Erdkern* nicht ein. Man nimmt deshalb an, daß dieser zumindest außen flüssig ist. Die Longitudinalwellen werden im Kern gebrochen (Konkavlinse). So entsteht der Schatten des Kerns für seismische Stationen auf der dem Bebenherd entgegengesetzten Seite der Erde. Zur Erklärung des erdmagnetischen Feldes und seiner Säkularvariation nimmt man die Konvektions-Strömung elektrisch leitender Materie im äußeren Kern an.

Abb. 5. Der Aufbau der Erde.

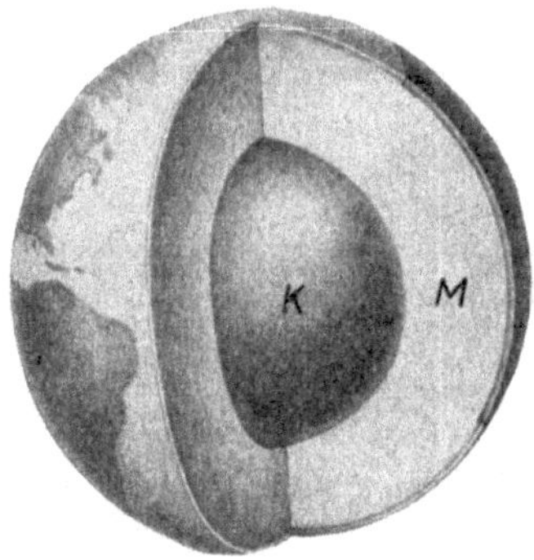

K: Erdkern M: Erdmantel, darüber die dünne Erdkruste

In Analogie zu den sehr wahrscheinlich aus unserem Planetensystem stammenden Meteoriten kann der Erdkern aus Nickeleisen und der Mantel aus chondritischen Silikaten bestehen. Der Erdkörper gibt andauernd wirkenden Kräften wie Zentrifugalkraft, Massenverlagerungen in der Erdkruste usw. nach. So werden z. B. Strömungsgeschwindigkeiten von 1 cm/Jahr aus isostatischen Bewegungen der Erdkruste im Gefolge der Belastungsunterschiede während der Eiszeiten geschlossen. Man nimmt an, daß der *Wärmetransport* im oberen Mantel durch *Konvektionsströme* in der sehr hoch viskosen Materie ($\eta \sim 10^{16}$ Poise) erfolgt. Die Beweglichkeit der als fest angenommenen

Baueinheiten der Erde:

Masse	: $5{,}98 \cdot 10^{21}$ t
Volumen	: $1{,}083 \cdot 10^{12}$ km^3
Radius	: $6{,}378 \cdot 10^3 - 6{,}357 \cdot 10^3$ km
Mittl. Dichte	: $5{,}517$ g/cm^3

Erdkern:		*Anteil an der gesamten Erde:*
Masse	: $1{,}88 \cdot 10^{21}$ t	31,5 %
Volumen	: $1{,}73 \cdot 10^{11}$ km^3	16,2 %
Radius	: $3{,}471 \cdot 10^3$ km	55 %
Dichte	: $9{,}5 - 13{,}5$ g/cm^3 (10,9 g/cm^3)	

Erdmantel:		
Masse	: $4{,}05 \cdot 10^{21}$ t	68,1 %
Volumen	: $8{,}2 \cdot 10^{11}$ km^3	82,2 %
Dicke	: $2{,}9 \cdot 10^3$ km	45 %
Dichte	: $3{,}5 - 6{,}5$ g/cm^3 (4,9 g/cm^3)	

Erdkruste:		*Anteil an der gesamten Erde:*
Masse	: 2,5 $\cdot 10^{19}$ t	0,42 %
Volumen	: 9 $\cdot 10^{9}$ km^3	0,85 %
Oberfläche	: 5,1 $\cdot 10^{8}$ km^2	0,5 %
Mittl. Dicke in den Kontinenten	: 35 km	*Anteil an der Erdoberfläche*
Mittl. Dicke im Tiefseebereich	: 6 km	
Mittl. Dichte	: 2,8 g/cm^3	
Fläche der Kontinente	: 14,7 $\cdot 10^{7}$ km^2	29,3 %
Region alter Schilde (mittl. Landhöhe 470 m)	*: 10,5 $\cdot 10^{7}$ km^2*	*21 %*
Region junger Faltengebirge	*: 4,2 $\cdot 10^{7}$ km^2*	*8,3 %*
Fläche des Flachseebereichs	: 9,3 $\cdot 10^{7}$ km^2	18 %
Fläche des Tiefseebereichs (mittl. Tiefe 3800 m)	: 27,0 $\cdot 10^{7}$ km^2	53 %
Masse des Wassers	: 1,44 $\cdot 10^{18}$ t	
Volumen des Wassers	: 1,37 $\cdot 10^{9}$ km^3	

Atmosphäre:	
Masse	: 5,1 $\cdot 10^{15}$ t
Dichte über NN	: 1,22 $\cdot 10^{-3}$ g/cm^3
Dichte 160 km über NN	: 1,5 $\cdot 10^{12}$ g/cm^3
Dichte im Weltraum	: $\sim 10^{21}$ g/cm^3

(Übergang Atmosphäre in den interplanetaren Raum bei 2500 km Höhe über Erde)

Gesteine steht nicht im Widerspruch zur Durchlässigkeit für transversale Bebenwellen. Wenn die Relaxationszeit der zähen Materie viel größer als die Schwingungsdauer der seismischen Wellen ist, verhält sich diese wie ein fester Körper. Tiefenbeben werden häufig in einer Zone von 300—600 km Tiefe lokalisiert, die vielleicht die Konvektionszellen enthält. Die häufigsten Beben haben eine tektonische Ursache. Herde vulkanischer Erdbeben wurden in Hawaii (1959/60 anläßlich der Eruptionen des Kilauea) in 60 km Tiefe gemessen, liegen also 50 km unter der Mantelgrenze. In Japan fällt der Gürtel größter quartärer Vulkananhäufungen mit der Zone 150 km tief liegender Bebenherde zusammen. Diese Befunde sprechen eindeutig für eine Herkunft der *basaltisch-gabbroiden Schmelzen* aus dem Erdmantel. Die Zusammensetzung dieser Schmelzen und des Mantels braucht nicht identisch zu sein. Nach der noch zu diskutierenden Bilanz zwischen der Wärmeproduktion häufiger radioaktiver Kernarten und dem an der Erdoberfläche gemessenen Wärmestrom ist die Existenz einer zusammenhängenden Gabbro- oder Eklogitschale im oberen Mantel unwahrscheinlich. Es können auch anatektische Teilschmelzen aus Gesteinen entstehen, deren totale Aufschmelzung höhere Temperaturen verlangt, als sie nach Abschätzung geothermischer Gradienten für den oberen Mantel zu erwarten sind.

Die vorher beschriebenen Massen- und Wärmeströmungen im Erdmantel haben ihre geologischen Auswirkungen in der Erdkruste in Form örtlich-zeitlich wechselnder Bewegungen (Synklinalen, Gebirgsfaltungen) und steiler Wärmegradienten (Regionalmetamorphose).

Die Bilanz zwischen *radiogener Wärmeproduktion* (durch Absorption der Strahlung) und meßbarem Wärmestrom erlaubt wichtige Aussagen über Verbreitung und Art häufiger Gesteinstypen in Erdmantel und -kruste. Es besteht ein Zusammenhang zwischen den Gehalten an den bedeutenderen radioaktiven Isotopen und an den Alkalien in den Gesteinen. Tabelle 8 enthält die mittleren U-, Th- und K-Werte häufiger Gesteinstypen. U^{238} und Th^{232} sind die bedeutendsten Isotope dieser Elemente. Der mittlere Gehalt des Kaliums an K^{40} ist nur 0,012 %. Dieser geringe Gehalt an dem aktiven Isotop wird gegenüber U und Th durch die viel größere Häufigkeit des Kaliums in den Gesteinen der Erdkruste kompensiert. Analytisch am unsichersten sind die Werte für peridotitische Gesteine als mögliche Repräsentanten des Mantelmaterials.

In Tabelle 8 ist weiterhin die spezifische Wärmeproduktion der 3 Elemente und die Wärmeproduktion 3 km langer Gesteinssäulen (rund 1 t Masse) der häufigen Gesteine angegeben.

Bei fast 3000 km Dicke gibt jeder Quadratzentimeter des Mantels in der Sekunde $0{,}3 \cdot 10^{-6}$ cal ab, wenn er aus peridotitischen Gesteinen besteht. Das Mittel der Meßergebnisse des Wärmeflusses aus der Erdkruste liegt bei 10^{-6} cal/cm^2 sec. Die Wärmeabgabe ist an der Oberfläche der Kontinente und am Tiefseeboden überraschend ähnlich. Eine 5 km mächtige Gabbroschicht, wie sie nach Laufzeitmessungen für die Tiefseekruste angenommen wird, reicht nicht aus, die Diskrepanz zwischen Meßwerten und Wärmeproduktion eines peridotitischen Mantels zu erklären. Dort muß der obere Mantel aus Gesteinen aufgebaut sein, deren Zusammensetzung zwischen Peridotit und Gabbro liegt.

Für die kontinentale Erdkruste ist eine Begrenzung der mittleren Mächtigkeit granitisch-granodioritischer Gesteine (einschließlich Tonschiefer und regionalmetamorpher Äquivalente) auf 10 km die Konsequenz der Wärmebilanz. Wenn die restliche untere Kruste aus gabbroiden Gesteinen besteht, kann der Mantel im Kontinentbereich nur peridotitische Zusammensetzung haben.

Tabelle 8

	ppm U	ppm Th	% K	Wärmeproduktion in 3 km Gesteinssäule
Granit	4,0	16	4,4	$2{,}3 \cdot 10^{-7}$ cal/cm² sec
Tonschiefer	3,7	12	3,0	$1{,}8 \cdot 10^{-7}$ cal/cm² sec
Granodiorit	2,0	8,5	2,5	$1{,}2 \cdot 10^{-7}$ cal/cm² sec
Basalt	0,6	1,6	0,75	$0{,}3 \cdot 10^{-7}$ cal/cm² sec
Peridot. Gesteine	0,01	0,0X	0,004	$0{,}3 \cdot 10^{-9}$ cal/cm² sec
Wärmeproduktion cal/g sec (U, Th, K)	$2{,}3 \cdot 10^{-8}$	$6{,}4 \cdot 10^{-9}$	$8{,}7 \cdot 10^{-13}$	3 km × 1 cm² Gestein ~ 1 t

Das Umbiegen der Kurve des geothermischen Gradienten in Abb. 9 geht auf die Anreicherung der wärmeproduzierenden Isotope in der Kruste zurück.

Diese Bilanzüberlegungen sprechen für chemisch unterschiedliche Gesteine auf beiden Seiten der Mohorovičić-Diskontinuität. Eine Deutung als Phasengrenze geht auf experimentelle Befunde zurück. Bei 10 000—13 000 atm und 500 °C werden die Eklogitminerale anstelle der Gabbrobestandteile stabil (Daten zusammengestellt bei Yoder, Tilley [1961]). Wegen der niedrigen Drucke kann die Diskontinuität im Tiefseegebiet auf keinen Fall eine Phasengrenze sein.

Aus Wärmebilanzen angenommene Unterschiede in der Zusammensetzung des oberen Mantels der Kontinente und der Ozeane verlangen eine Permanenz der Kontinentlagen im Gegensatz zu Wegeners Anschauungen.

Die Bildung und Entwicklung basaltisch-gabbroider Schmelzen

Wie bereits erwähnt, weist die Lage von Bebenherden, die vor und während vulkanischer Ausbrüche zu lokalisieren sind, auf die Schmelzbildung im oberen Mantel hin. Vergleiche der geothermischen Gradienten (Birch [1954], [1955], Hurley [1959], Macdonald [1964]) und der Schmelzkurven trockener gabbroider Schmelzen (Modell-Pyroxenschmelzen in Abb. 6) in Ab-

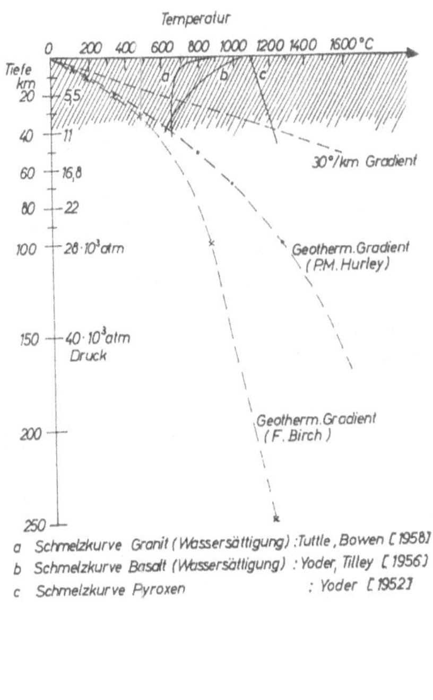

a Schmelzkurve Granit (Wassersättigung) : Tuttle, Bowen [1958]
b Schmelzkurve Basalt (Wassersättigung) : Yoder, Tilley [1956]
c Schmelzkurve Pyroxen : Yoder [1952]

Abb. 6. Geothermische Gradienten und Schmelzkurven für die Erdkruste und den oberen Mantel.

hängigkeit vom Druck schließen unter normalen p-t-Bedingungen die Bildung dieser Schmelzen in der Erdkruste aus. Die Wahrscheinlichkeit nur geringer primärer Wassergehalte der Schmelzen von höchstens 0,2 % ergibt sich aus den Analysen von Meteoriten und Peridotit-Einschlüssen in basaltischen Förderprodukten. Kokubu et al. (1961) fanden z. B. in einem solchen Einschluß 0,1 % Wasser, das nach seinem Denteriumgehalt nicht aus dem Oberflächenkreislauf stammen konnte.

Da die Durchlässigkeit des oberen Mantels für transversale Bebenwellen die Existenz weltweiter Magmenstockwerke ausschließt, muß man die Bildung basaltisch-gabbroider Schmelzen für örtlich und zeitlich begrenzte Vorgänge halten. In der schon erwähnten Modellvorstellung von Konvektionszellen im oberen Mantel ist der mechanisch und thermisch heterogene Bereich zwischen derartigen Zellen prädestiniert für die Schmelzbildung.

Die Frage nach der Zusammensetzung des undifferenzierten oberen Mantels hängt eng mit der Entstehung der basaltisch-gabbroiden Magmen zusammen. Die Wärmebilanz läßt im Bereich der Ozeane im oberen Mantel Gesteine erwarten, die Duniten mit basaltischen Anteilen chemisch ähnlich sind. Die Annahme derartiger Gesteine ist nicht rein spekulativ, sondern durch die Funde von Einschlüssen belegt. Diese Einschlüsse enthalten als Hauptbestandteile Olivin und Pyroxene, als spezifische Nebenbestandteile Granat oder Spinelle. Green und Ringwood (1963) nennen derartige Einschlüsse Pyrolite.

Der Granat ist ein Pyrop und die Spinelle sind chromreich. In der folgenden Tabelle 9 wird die Zusammensetzung typischer peridotitischer Einschlüsse mit dem Mittel der Chondrite verglichen. Die Daten der 1. Spalte entsprechen der Tabelle 6. Die Werte für Spinell-führende Peridotit-Einschlüsse sind aus mehr als 70 Proben gemittelt, während die letzte Spalte nur 3 Kimberlite repräsentiert.

Tabelle 9

	Chondrite	Spinell-führende Peridotit-Einschlüsse von Basalten	Granat-führende Peridotit-Einschlüsse
Olivin	44 %	67 %	65 %
rhomb. Pyroxen	22	20	8
diopsid. Pyroxen	4	11	11
Plagioklas	10	—	—
Spinelle	0,4	2	2
Granat	—	—	13
Nickeleisen, Troilit	19,0	—	—
SiO_2	36,8 %	43,7 %	45,3 %
TiO_2	0,11	0,15	0,1
Al_2O_3	2,4	2,1	2,9
Cr_2O_3	0,36	0,36	0,2
FeO (Σ Fe)	26,2	8,5	7,7
NiO	2,0	0,24	n. b.
MnO	0,24	0,15	0,16
MgO	23,1	41,9	40,7
CaO	1,8	2,1	2,4
Na_2O	0,97	$<0,4$	0,3
K_2O	0,10	$<0,07$	$<0,3$
P_2O_5	0,20	n. b.	$<0,1$
FeS	5,5	—	—

Charakteristisch sind die höheren Gehalte an diopsidischem Pyroxen in den Einschluß-Peridotiten, die nur selten Plagioklas führen. Die Aluminium-Konzentrationen sind zwischen allen drei gemittelten ultrabasischen Gesteinsarten etwa gleich. Somit müssen die Pyroxene der Peridotite einen wesentlichen Teil des Al enthalten, das bei den Chondriten im Plagioklas vorkommt; sie sind wahrscheinlich bei höheren p-t-Bedingungen entstanden. Chondrite haben höhere Alkaligehalte als die potentiellen Bestandteile des oberen Erdmantels. Dadurch sind sie als Modellsubstanz für Wärmebilanzrechnungen des unter den Kontinenten liegenden Erdmantels wenig geeignet. Auch nach Abzug des metallischen und des Troilit-Eisens der Chondrite haben diese ein hohes Fe^{2+}/Mg-Verhältnis. Nach Vergleich der 2. und 3. Spalte von Tabelle 9 liegen die Unterschiede zwischen den Peridotiten im gegenseitigen Ersatz von rhombischem Pyroxen und Pyrop.

Nach Green und Ringwood (1963) sollen 3—5 Teile Dunit und 1 Teil Basalt dem undifferenzierten oberen Mantel chemisch äquivalent sein. Dieses Verhältnis würde auch der Wärmeentwicklung des ozeanischen Mantels entsprechen. Die Gesteine von Tabelle 9 haben aber für derartig hohe Basaltanteile zu niedrige Alkaligehalte. Sie entstammen wahrscheinlich alle einem differenzierten oberen Mantel in kontinentaler Ausbildung.

Die Herkunft der Spinell-führenden Olivin-Pyroxen-Einschlüsse in basaltischen Gesteinen ist immer noch umstritten. Einige Bearbeiter dieses Problems halten sie für Erstausscheidungen eines basaltisch-gabbroiden Magmas, das vorübergehend in einem intrakrustalen Intrusionsniveau stagnierte (z. B. Frechen [1948]). Die anderen Autoren sehen in den Olivin-reichen Einschlüssen peridotitische Gesteine des Untergrundes (z. B. Ernst [1936]). Die meisten derartigen Einschlüsse haben, verglichen mit den Ni/Mg-Verhältnissen von basaltischen Olivinen, viel zu hohe Nickelgehalte (~ 2000 ppm Ni), um als Frühausscheidungen normaler basaltisch-gabbroider Gesteine erklärt werden zu können. In ihrem Porenraum hat man bisher keine basaltische Grundmasse gefunden. Das für unsere Überlegungen über die Zusammensetzung des Erdmantels interessante Problem liegt in der Abschätzung der Tiefe, aus der die Einschlüsse stammen. Peridotite, welche Amphibole und Plagioklase führen, müssen aus den geringsten Tiefenlagen kommen. Die von Boyd und England (1963, 1965) für die Umwandlung Albit → Jadeit + Quarz angegebenen maximalen Drucke, entsprechend Tiefen von 80—100 km, kann man nicht zur Abschätzung verwenden, da die Albitbestandteile schon bei niedrigeren Drucken in den Pyroxenen gelöst werden (Gabbro → Eklogit). Viel größere Bedeutung für die Aufklärung der Zusammensetzung des oberen Mantels haben die experimentellen Untersuchungen der Aluminium-Aufnahme der Pyroxene und der Reaktion Al-reicher Enstatit ⇆ Al-armer Enstatit + Pyrop (Mac Gregor, Ringwood, Boyd, England [1964]). Druckanstieg im Zweiphasengebiet mit Pyrop reduziert die im Enstatit gelöste Menge Aluminium zu Gunsten des dichteren Pyrops. Das Zweiphasengebiet von Pyrop und Enstatit beginnt bei Temperaturen von 1100 °C bei 20 Kilobar entsprechend etwa 90 km Tiefe. Dieser Druck-Temperatur-Bereich ist mindestens notwendig zur Bildung der mit dem Pyrop in Kimberliten vorkommenden Diamanten.

Die Spinell-Peridotite kommen nach den bisher vorliegenden experimentellen Ergebnissen aus geringeren Tiefenlagen des oberen Mantels oder der Kruste. Bei rund 1000 °C, die unter Umständen schon in 60 km Tiefe herrschen können, ist nämlich der gesamte Gehalt an Spinellkomponenten (Al, Fe^{3+}, Cr^{3+}, Mg) in den Pyroxenen löslich.

Die eutektischen Schmelzzusammensetzungen zwischen Forsterit einerseits und Diopsid oder Pyrop andererseits liegen so weit auf der Seite der zuletzt genannten Minerale, daß sich ihre Komponenten in

Tabelle 10

	Olivin-Alkalibasalte (116)	Tholeiitische Basalte (64)
SiO_2	48,4	50,6
TiO_2	2,4	1,8
Al_2O_3	15,0	14,9
Fe_2O_3	4,2	3,2
FeO	7,9	9,5
MnO	0,19	0,2
MgO	7,5	6,1
CaO	9,1	10,1
Na_2O	3,1	2,6
K_2O	1,6	0,7
P_2O_5	0,48	0,28

anatektischen Teilschmelzen relativ gegenüber den Olivinbestandteilen anreichern (Davis [1964]). Die Ergebnisse der experimentellen Petrologie liefern also mit den Befunden von Bebenwellen-Laufzeiten und Wärmebilanzen ein widerspruchsloses Gesamtbild der wahrscheinlichen Entstehung basaltisch-gabbroider Teilschmelzen aus den Peridotiten des oberen Erdmantels.

Tilley (1950) und Yoder, Tilley (1962) haben kürzlich das Problem des weltweiten Vorkommens von mindestens zwei *basaltischen Stamm-Magmen* ausführlich diskutiert. Sie unterscheiden Olivin-Alkalibasalte und tholeiitische Basalte je nach Fehlen oder Vorkommen normativer Quarzgehalte. Die wenig höheren mittleren SiO_2-Konzentrationen des tholeiitischen Stammes sind mit relativ niedrigen Alkaligehalten verbunden (Tabelle 10). Abbildung 7 zeigt am Beispiel der Gesteine von Hawaii, daß man die Typen am SiO_2/Alkali-Verhältnis klar unterscheiden kann. In Olivin-Alkalibasalten kommt gewöhnlich nur ein diopsidischer Pyroxen vor. Schmelzen dieses Stammes haben ausschließlich die in den vorigen Abschnitten beschriebenen Peridotiteinschlüsse gefördert. Im Unterschied zu den Basalten enthalten die Einschlüsse rhombischen Pyroxen als zweithäufigstes Mineral. Tholeiitische Basalte können zwei oder drei verschiedene Pyroxene führen. In Gebieten anhaltender magmatischer Tätigkeit wie den großen Schildvulkanen von Hawaii beginnt diese mit der Bildung tholeiitisch-basaltischer Gesteine. In den jüngeren Entwicklungsstadien folgen ihnen Schmelzen vom Olivin-Alkalibasalt-Typ.

Das örtliche und zeitliche Nebeneinander verschiedener Basalttypen und der sie häufig begleitenden Gesteine (Nephelinite, Tephrite, Basanite, Limburgite, Phonolithe, Trachyte) erfordert zur Erklärung die Annahme unterschiedlicher Herkunft oder *Differenzierung der Magmen* (Kristallisation mit Schweresonderung, inkongruentes Schmelzen oder vertikaler Gastransport zur Stoffsonderung im Druck- und Temperaturgradienten). Für die Stammestypen der basaltischen Magmen nehmen Yoder und Tilley eine *unterschiedliche Herkunft* an. Sie leiten aus Befunden von Hochdruckexperimenten an einfachen Systemen ab, daß die basaltischen Schmelzen wahrscheinlich aus einer unterschiedlichen Tiefenlage des Mantels stammen. Wie bereits bei den Peridotiten besprochen wurde, ist Pyrop, $Mg_3Al_2(SiO_4)_3$, bei Drucken von mehr als 20 Kilobar ein Bestandteil ultrabasischer Gesteine. Schmelzen, die sich anatektisch aus Pyrop-führenden Gesteinen bilden, sollten allerdings erheblich geringere Ni- und Sr-Gehalte haben, als Magmen, die vornehmlich den chemischen Bestand der Peridotit-Pyroxene führen (Turekian [1962]). Entsprechend deutliche Unterschiede findet man nicht zwischen den mittleren Ni- und Sr-Konzentrationen der tholeiitischen- und der Olivin-Alkalibasalte.

Die Entstehung der unterschiedlichen Basalte und ihrer Fraktionierungsprodukte kann man in der vereinfachenden Darstellung (ohne Berücksichtigung von Eisen) des Vierstoff-Systems Diopsid-Forsterit-Nephelin-Quarz (Abb. 8) veranschaulichen. In diesem Sy-

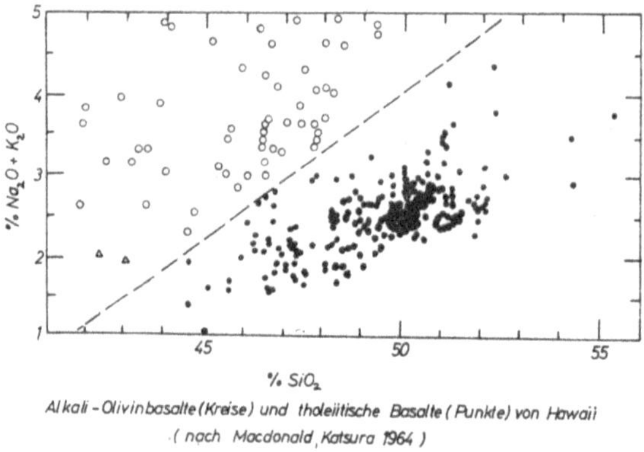

Abb. 7. Die Verteilung von Alkalien und SiO_2 in den basaltischen Gesteinen von Hawaii.

stem treten die Verbindungen Albit und Enstatit auf. Die meisten Basalte liegen in ihrer Zusammensetzung nahe der Forsterit-Albit-Diopsid-Fläche in Mischungen relativ hoher Schmelztemperatur. Sie können durch partielle Anatexis nur aus Gesteinen entstanden sein, die noch höher schmelzen. Die Fläche Forsterit-Diopsid-Albit stellt somit eine Temperaturbarriere zwischen dem Tetraederteil mit Nephelin und dem mit Quarz (und Enstatit als spezifischem Mineral) dar. Wenn sich in abkühlenden Magmen die Gleichgewichte zwischen flüssigen und festen Phasen (Mischkristallen) nicht einstellen, entwickeln sich unter gravitativer Sonderung der Phasen Restschmelzen niedriger Schmelztemperatur. Die beiden durch die Temperaturbarriere getrennten Teilsysteme des Tetraeders der Abb. 8 haben je ein derartiges Tempe-

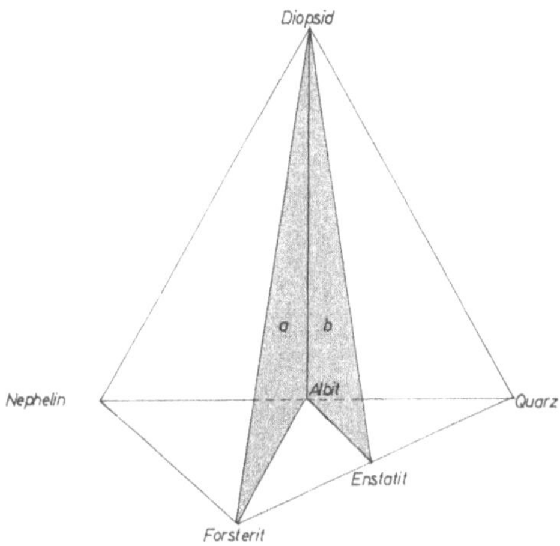

Abb. 8. Das System Diopsid, Nephelin, Forsterit, Quarz.
a) Zusammensetzung mit relativ hoher Schmelztemperatur, untersättigt an SiO_2
b) Zusammensetzung mit relativ hoher Schmelztemperatur, gesättigt an SiO_2
(nach Yoder, Tilley [1962])

ratur-Minimum zwischen der Grenzfläche und dem Quarz oder dem Nephelin. Es ist also nur eine kleine Abweichung von einer Mischung Forsterit-Albit-Diopsid nötig, damit sich entweder eine Restschmelze mit Nephelin oder eine mit Quarz differenziert. Dieses sind die Entwicklungsmöglichkeiten der beiden Stamm-Magmen bei relativ niedrigen Drucken. Das Temperatur-Minimum der Nephelin-bildenden Schmelzen liegt bei einer Zusammensetzung, die Nephelin-Basaniten entspricht. Tholeiitische Basaltmengen können granitische Restschmelzen (Granophyre) haben. Unter hohen Drucken ist Albit nicht mehr existent. Die hoch schmelzenden Mischungen enthalten als Na-Mineral den Jadeit.

Die wichtigsten Gesteinstypen dieser Serien lassen sich durch die Zusammensetzung ihrer hellen Bestandteile im Dreistoffsystem SiO_2-$NaAlSiO_4$-$KAlSiO_4$ (Bowen, Schairer 1935) charakterisieren (Abb. 9). Die Oli-

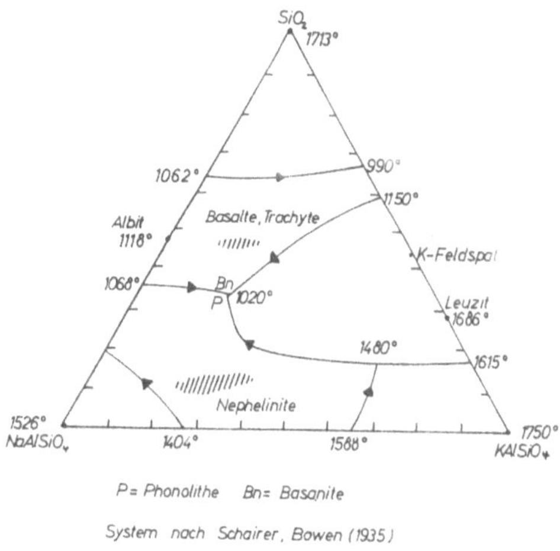

Abb. 9. Das System SiO_2-$NaAlSiO_4$-$KAlSiO_4$.

vin-Feldspatbasalte und Trachyte liegen — repräsentiert durch ihre Feldspäte — im Bereich der höchst schmelzenden Mischungen des Systems. Die Mineralzusammensetzung der beiden oben besprochenen Tieftemperatur-Bereiche entspricht der der Tephrite, Basanite, Phonolite und der der Rhyolithe.

Die Basalte sind in dem System SiO_2-$NaAlSiO_4$-$KAlSiO_4$ nur durch den Alkali-Anteil ihrer Feldspäte vertreten. Die Differentiation zu Trachyten geht auf Kosten der Anorthitkomponente in Richtung auf das Temperatur-Minimum der Alkalifeldspäte. Durch fraktionierte Kristallisation können sich kleine Mengen trachytischer und phonolithischer Schmelzen in den oberen Teilen eines basaltisch-gabbroiden Magmenreservoirs sammeln. Die Entwicklung Olivin-nephelinitischer Restschmelzen kann man mit den bisher beschriebenen Prozessen nicht erfassen. Die Zusammensetzung der hellen Minerale dieser Gesteine liegt im petrogenetischen Residualsystem (Abb. 9) auf der den Alkalifeldspäten abgekehrten Seite des Temperaturminimums. Für die Erklärung der Olivin-Nephelinite einschließlich ihrer Melilith-führenden Varietäten muß man selbständige Magmen oder Desilifizierung von normalen Basaltschmelzen durch Karbonat-Assimilation (Daly [1933], Shand [1945]) annehmen. Andererseits ist grundsätzlich auch die selten diskutierte Silifizierung von Nephelinit-Schmelzen (z. B. durch SiF_4-Transport) zu Basalt-Magmen möglich. Aus der Häufigkeit normaler Basalte (verglichen mit Nepheliniten) schließt man, daß die Basaltschmelze das Ausgangsmagma war. Die Assimilation von Karbonatgesteinen zur Bildung sogenannter Alkaligesteine ist offenbar überschätzt worden. So lassen sich z. B. die hohen Ca- und Mg-Gehalte, die mit relativ hohen Ni- und Cr-Konzentrationen in Melilith-Nephelingesteinen gekoppelt sind, nicht durch Reaktion mit Kalken und Dolomiten, sondern mit Peridotiten erklären.

Außer den relativ hohen Cr- und Ni-Gehalten und den genannten Schmelzbeziehungen gibt es noch eine Reihe anderer für die Nephelinite spezifischer chemischer Merkmale, die sich nicht aus der Differentiation basaltischer Schmelzen ableiten lassen. Auffallend sind hohe Konzentrationen an Sr und den leichten Seltenen Erden, die sich auch in den die Alkaligesteine begleitenden Karbonatiten finden. Rückstände und Auswirkungen primärer hoher Gasgehalte kommen speziell bei den Foidbasalten vor. Als Rückstände hoher Gasgehalte muß man die Sulfat-Fluor- und Chlorkonzentrationen in diesen Gesteinen ansehen. Die verschieden großen Tuffanteile der Extrusionen sind eine Auswirkung unterschiedlicher Gasmengen. Neben normalen Basalten findet man selten Tuffmengen, die die Hälfte des Volumens der Lava erreichen. Bei Foidbasalten und Phonoliten übersteigen die Tuffe oft die aus den gleichen Förderkanälen ausgeflossenen Ströme an Masse. Alkaligesteine zeigen häufig auch in der Anlage ihrer Förderwege (Ringgänge, konische Gänge) ihre hohen Eruptionsenergien.

Zur Feststellung einer *Differentiationsbeziehung* zwischen benachbarten Gesteinsarten bzw. zwischen Schmelzen und ihren Ausscheidungen sind die *Verteilungskoeffizienten* chemischer Bestandteile nützlich. Nimmt man zur Vereinfachung angenäherte Temperatur- und Druckkonstanz an, so ist die Verteilung eines chemischen Elementes zwischen sich ausscheidendem Mineral und Schmelze etwa konstant:

$$\frac{c\,(M)}{c\,(S)} = K.$$

Ist das Mineral ein Mischkristall, der bei Temperaturerniedrigung nicht mit der Schmelze reagiert hat, so ändert sich die Konzentration des Elementes in den nacheinander ausgeschiedenen Teilen des Minerals und auch in der Schmelze. Die relative Konzentrationsänderung (bezogen auf Ausgangskonzentration) kann man berechnen (Heinrich, Mead, Vitaliano [1954]) und graphisch darstellen (Abb. 10). In Unkenntnis numerischer Werte des Verfestigungsgrades wird die Konzentrationsänderung gegen den SiO_2-Gehalt als Abszisse aufgetragen. Dabei nimmt man an, daß der SiO_2-Gehalt des Gesteins dem Verfestigungs-

Abb. 10. Die Gleichgewichtsverteilung verschiedener Komponenten zwischen Kristall und Schmelze.

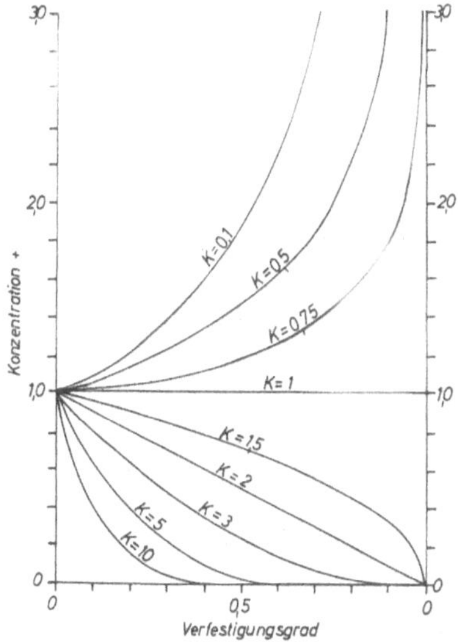

+ relative Konzentration eines Elementes in der Restschmelze bezogen auf Ausgangsschmelze (nach Heinrich, Mead, Vitaliano [1954])

grad proportional ist. Diese Annahme ist nur bei Differentiation mit relativer SiO_2-Anreicherung gerechtfertigt, die nicht grundsätzlich einzutreten braucht. Aus einem derartigen Diagramm entnimmt man die relative Verarmung an Cr, Ni, V und Co und die relative Anreicherung von Ba, Rb und Mn während der Differentiation, wie das von Williams (1959) veröffentlichte Beispiel der Gabbro-Intrusion von Skaergaard in Grönland zeigt.

Wenn man örtlich und zeitlich benachbarte magmatische Gesteine auf ihre gemeinsame Herkunft und Entwicklung prüft, erkennt man verschiedene Wege der Differentiation natürlicher Schmelzen. Die bereits im Zusammenhang mit dem System SiO_2-$NaAlSiO_4$-$KAlSiO_4$ (Abb. 9) erwähnten Beispiele zeigen einen Differentiationsverlauf zu entweder SiO_2-reichen oder Alkali-reichen Restschmelzen. Die Untersuchung der großen Gabbrokomplexe in den Vereinigten Staaten und in Südafrika und des kleineren Areals von Skaergaard in Grönland ließ eine Entwicklung von Schmelzen mit relativer Eisenanreicherung erkennen. Die grundlegenden Arbeiten von Kennedy (1948) (1955) und die Untersuchungen von Muan und von Osborn (1955—1959) erklären den gegenüber Basalten unterschiedlichen Differentiationsverlauf aus dem wechselnden Oxydationsgrad des Eisens. Liegt der gesamte Eisengehalt basaltisch-gabbroider Schmelzen in Form von Fe^{2+} vor, so bindet dieses Eisen eine entsprechende Menge SiO_2 zu Fayalit und Ferrosilit (in Olivinen und Pyroxenen). Ist das Verhältnis Fe^{2+}/Fe^{3+} etwa 1, so scheidet sich das Eisen vorwiegend als Magnetit aus und bindet kaum andere Bestandteile der Schmelze.

Der Oxydationsgrad des Eisens ist ein indirektes Maß für den primären Wasser- (und evtl. CO_2-)Gehalt der Schmelzen, denn Wasserdissoziation ist das wesentliche Oxydationsmittel. Leicht erfüllbare Voraussetzung dazu ist ein für Wasserstoff offenes System:

$$2\,H_2O \xrightarrow{p\,T} 2\,H_2\uparrow + O_2$$

$$\text{bzw. } 2\,CO_2 \underset{T}{\overset{p}{\rightleftarrows}} 2\,CO + O_2$$

Nach Kennedy's (1948) Daten entspricht der daraus abzuleitende Sauerstoffpartialdruck bei:

1200 °C und 100 atm H_2O : $1{,}5 \cdot 10^{-3}$ atm O_2
1200 °C und 3000 atm H_2O : $1{,}5 \cdot 10^{-2}$ atm O_2
1200 °C und 1 atm CO_2 : $3 \cdot 10^{-4}$ atm O_2

Muan und Osborn haben an vereinfachten Systemen den Differentiationsverlauf zu unterschiedlichen Restschmelzen ermittelt. Bei konstantem Sauerstoff-Partialdruck, d. h. in Gegenwart von genügend Wasser zu dessen Erhaltung, differenziert sich ein basaltähnliches System zu SiO_2-reichen Restschmelzen. Ist das System geschlossen, so wird sein niedriger Sauerstoffgehalt — erkennbar am niedrigen Fe^{3+}/Fe^{2+}-Verhältnis — verbraucht. Es entwickeln sich FeO-reiche Endprodukte (Ferrogabbro u. a.) und nur

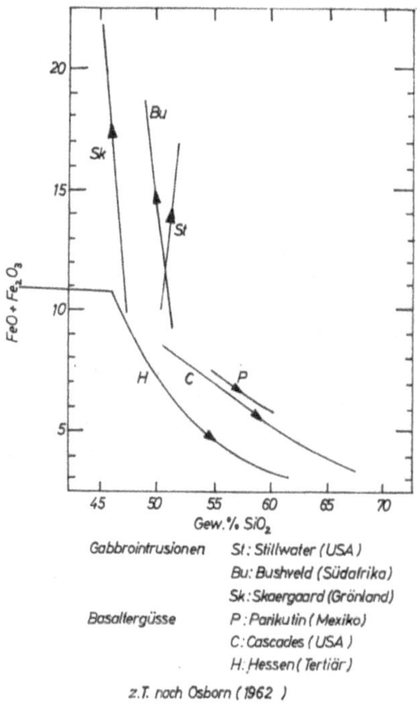

Abb. 11. Die Beziehung zwischen Σ Fe und SiO_2 in verschiedenen Differentiationsprodukten.

geringe Mengen SiO_2-reicher Restschmelzen. Diese beiden unterschiedlichen Differentiationswege sind in Magmen, die viel oder wenig Wasser zur Verfügung haben, zu erwarten. Das Diagramm der Abb. 11 (z. T. nach Osborn [1959]) ist geeignet, die unterschiedlichen Differentiationswege zu veranschaulichen.

Die Intrusionen haben einen Differentiationsverlauf zu hohen Fe-Werten, die Extrusionen zu hohen SiO_2-Gehalten. Die Nephelinite und Basanite zeigen keine Differentiationsbeziehungen zu den normalen Basalten, nur die Gleichheit im Eisengehalt. Der Differentiationsverlauf der Intrusionen spricht für Wasserarmut der Schmelzen. Es ist möglich, daß die Basaltschmelzen die Hauptmenge ihres Wassergehaltes erst aus dem Nebengestein kurz vor der Förderung aufgenommen haben, wenn der Wasserdruck im feuchten Nebengestein durch Aufheizung am Kontakt größer wird als in der Schmelze. Macdonald (1961) schätzte den Wassergehalt verschiedener Basaltförderungen in Hawaii, Mexico und Island auf etwa 1 %. Das Fehlen von Hornblende in Basalt und Oberflächen-nahen Gabbro-Intrusionen (bei Alkalibasaltischen Schmelzen $<$2500 m Tiefe) ist nach den Experimenten von Yoder, Tilley (1962) allein noch kein Beweis dafür, daß diese Schmelzen primär wasserarm waren. Erst der oben genannte Differentiationsbefund bei Intrusionen muß als ein Beweis für die Wasserarmut gedeutet werden. Ein relativer Anstieg des Wassergehaltes in einer Restschmelze mangels Ausscheidung OH-haltiger Minerale kann ebenfalls für Nachlieferung von Sauerstoff bzw. konstanten Sauerstoff-Partialdruck sorgen. Gaseinschlüsse in Peridotiten und Gabbros haben einen hohen Anteil von CO_2, der den Wassergehalt übersteigen kann. Die Existenz und der selektive Stofftransport von Karbonatitschmelzen in Alkaligesteinskomplexen hängt von der Anreicherung des Kohlendioxyds ab.

Die Zusammensetzung der Erdkruste

Die im vorigen Kapitel besprochene Entwicklung basaltisch-gabbroider Magmen nahm ihren Ausgang im Erdmantel. Die Erdkruste ist der Ort des zu beobachtenden geologischen Geschehens, dessen Ursachen ebenfalls oft im Mantel zu suchen sind. Vertikalbewegungen in der Erdkruste in Form von Gebirgsbildungen und Absenkungen haben Massenbewegungen zum Niveauausgleich zur Folge. Die Abtragung legt dabei immer tiefere Krustenteile in den Kernen der Kontinentalschilde und den Wurzeln der Faltengebirge frei und beteiligt deren Gesteine an den exogenen Prozessen. Die durch Gebirgsfaltung geschaffene Aufschlußtiefe wird die Höhe großer Faltengebirge — also 5—8 km — selten überschreiten. Deshalb ist man zur Aufklärung des Stoffbestandes der unteren Kruste wiederum auf die indirekten Methoden der Geophysik angewiesen. Nach der Geschwindigkeit von Erdbebenwellen und der Wärmebilanz besteht die kontinentale Unterkruste und die von Sedimenten z. T. überlagerte ozeanische Kruste sehr wahrscheinlich aus gabbroiden Gesteinen (Abb. 12). Die Masse der kontinentalen Kruste beträgt $2 \cdot 10^{19}$ t und die der dünneren ozeanischen Kruste $5 \cdot 10^{18}$ t. Zusammen enthalten

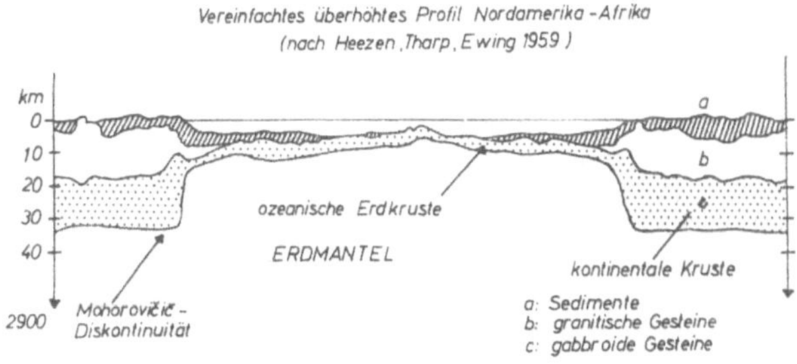

Abb. 12. Ein Profil der Erdkruste.

sie weniger als $^{1}/_{2}$ % der Gesteinsmasse der Erde (weitere Daten in Tabelle 7).

An exogenen Prozessen sind also höchstens die oberen 10 km der kontinentalen Kruste beteiligt, die wir im Folgenden als *geologisch wirksame Kruste* bezeichnen wollen. Ihre Zusammensetzung interessiert uns ganz speziell. Mit etwa 10 km mittlerer Mächtigkeit hatten wir in der Wärmebilanz die Dicke der granitisch-granodioritischen Teile der Kruste (einschließlich der Sedimentgesteine und metamorphen Äquivalente) angegeben. Diese Zusammensetzung ist also etwa identisch mit der geologisch wirksamen Kruste. In Gebirgswurzeln ist die mehr oder weniger zusammenhängende Granitschicht mächtiger. In tief aufgeschlossenen Wurzeln der Faltengebirge beobachtet man noch keinen zonalen Übergang granitisch-granodioritischer Gesteine in Gabbros (oder Diorite).

Um die *mittlere Zusammensetzung der oberen kontinentalen Erdkruste* zu ermitteln, gibt es mehrere Wege. Meist beschränkt man sich auf die Gesteine, die unter der Sedimenthülle liegen. Wenn man die Sedimente und Sedimentgesteine gleichmäßig über die Erde verteilt, bekommt man eine Schicht, die etwas mächtiger als 1 km ist. Trotz der großen Fläche der Ozeane (Tabelle 7) ist die Hauptmenge der Sedimente nicht an ihrem Boden, sondern in den Flachseebezirken (Schelfs) und den Faltengebirgen als umgestülpten Senkungsräumen zu suchen. Die mittlere Zusammensetzung der Sedimentgesteine wird in einem späteren Abschnitt behandelt werden. Häufig zitierte Angaben über die mittlere Zusammensetzung der Eruptivgesteine als Repräsentanten der oberen Erdkruste gehen auf Clarke und Washington (1924) zurück (Tabelle 11). Sie faßten ohne Berücksichtigung der Häufigkeit der Typen 5159 Gesteinsanalysen zusammen. Dadurch sind verständlicherweise seltene und genetisch besonders interessante Gesteinsarten statistisch bevorzugt worden.

Goldschmidt nahm, um Mittelwerte für große Gesteinsareale zu bekommen, Analysen von *Geschiebemergeln* aus Süd-Norwegen (Tabelle 11). Er ging von der Überlegung aus, daß die Gletscher in einem Gebiet von ~ 200 000 km² Fläche mit vorwiegend magmatischen Gesteinen einen repräsentativen Querschnitt der Gesteine abgehobelt und bei ihren niedrigen Temperaturen chemisch unverändert abgelagert hätten. Trotz der für die Einschränkung chemischer Veränderungen günstigen klimatischen Bedingungen muß man mit Ca-Verlusten rechnen. Die relativ hohen Wassergehalte und K/Na-Verhältnisse seiner Analysen lassen auf verhältnismäßig hohe Ton-Anteile an den abgetragenen Gesteinen schließen.

Eine ähnliche Möglichkeit der natürlichen Probennahme und Probenmittlung ist die Ablagerung von *Grauwacken* (Tabelle 11). Ihr Gesteinsmaterial hat wegen des kurzen Transportweges ebenfalls nur verhältnismäßig wenig chemische Veränderungen erfahren und repräsentiert den Schutt großer Gebirge. In Tabelle 11 sind Analysen von Grauwacken aus verschiedenen Kontinenten zusammengefaßt worden.

Die Verwitterungs- und Transportvorgänge lassen zumindest eine leichte relative Anreicherung der widerstandsfähigsten Minerale, vor allem des Quarz, erwarten.

Die besten Informationen über den Bestand der oberen Erdkruste bekommt man aus der Mittelbildung von Analysen der magmatischen Gesteine nach dem statistischen Gewicht ihrer Häufigkeit. Die *Volumenanteile der Gesteinsarten* werden aus der geologischen Kartierung gut aufgeschlossener und petrographisch sorgfältig untersuchter Gebiete ermittelt. Bei dieser Methode schließt man ähnlich wie bei der quantitativen Auswertung mikroskopischer Präparate aus den angeschnittenen Flächen auf die Volumen. Fehlermöglichkeiten liegen in der Vorzugsorientierung von Gesteinskörpern (Textureffekt). So täuschen

Tabelle 11

	Eruptivgesteine der oberen Erdkruste, Clarke-Washington (1924) (5159 Pr.)	Norwegische Geschiebemergel, Goldschmidt (1933) (78 Pr.)	Grauwakken von verschiedenen Kontinenten (70 Pr.)	Eruptivgesteine der oberen Erdkruste nach Häufigkeit der Gesteinstypen
SiO_2	59,12	59,19	67,1	65,4
TiO_2	1,05	0,79	0,6	0,7
Al_2O_3	15,34	15,82	14,4	14,8
Fe_2O_3	3,08	3,41	2,2	1,4
FeO	3,80	3,58	3,4	3,3
MnO	0,12	0,11	0,1	0,1
MgO	3,49	3,30	2,1	2,3
CaO	5,08	3,07	2,3	4,0
Na_2O	3,84	2,05	3,2	3,3
K_2O	3,13	3,93	1,9	3,4
H_2O	1,15	3,02	2,3	0,6
P_2O_5	0,30	0,22	0,2	0,2
CO_2	0,10	0,54		

die großen Oberflächen geringmächtiger Lavaströme und Sedimentgesteine große Volumen vor. Die Häufigkeit dieser Gesteine muß auf anderem Wege ermittelt werden. Die großen Plateaubasaltströme — vor allem in Indien, Amerika und Sibirien — bedecken rund 1,7 % der Kontinentfläche. Diese Deckenergüsse sind in den genannten Gebieten und in Island insgesamt zwischen 1200 und 3000 m mächtig, machen dort also rund 10—20 % der oberen Erdkruste aus. Da die Hauptmenge *basaltischer Gesteine* in den genannten Arealen vorkommt, kann man ihre Häufigkeit in der oberen kontinentalen Kruste auf weniger als 0,5 % schätzen. Nach Daly ist für die gesamte Erde das Verhältnis Basalt : Andesit : Rhyolith = 50 : 10 : 1. Zu einem anderen Ergebnis kommt man, wenn man diese Schätzung in den pazifischen Randgebirgen durchführt.

R. A. Daly (1933) hat als erster die Häufigkeit von Gesteinstypen nach geologischen Karten der nordamerikanischen Kordilleren und der Appalachen berechnet. Auf umfangreicheren und neueren Informationen beruhen die von Moore (1959) ebenfalls für die Kordilleren publizierten Daten. Für Finnland hat Sederholm (1925) die Häufigkeit der Gesteinstypen abgeschätzt. Seine Zahlen lassen sich nach Lodochnikow (1927) ebenfalls auf den russischen Schild übertragen. Grout (1938) hat einige entsprechende Angaben für den kanadischen Schild gemacht. Alle erwähnten Daten sind in Tabelle 12 aufgeführt und in der letzten Spalte unter Auswertung von Sedimentgesteinsanalysen (Verwitterungsprodukte der Eruptiva) zusammengefaßt worden. Granite und Granodiorite (bzw. Quarzdiorite) sind also etwa gleich häufig und bilden zusammen — wie nach geophysikalischen Befunden angenommen wurde — die wesentlichen Bestandteile der oberen Kontinentkruste. Zur Berechnung einer Durchschnittsanalyse werden unter Berücksichtigung der statistischen Gewichte nach Tabelle 12 die Mittelwerte der Gesteinsarten nach Nockolds (1954) und die in den Tabellen 9, 10 und 15 zusammengefaßten Daten benutzt. Die letzte Spalte in Tabelle 11 enthält als Ergebnis dieser Rechnung die wahrscheinliche Zusammensetzung der *oberen Erdkruste* an *chemischen Hauptkomponenten*. Entsprechend ist für Tabelle 13 die Häufigkeit der Nebenbestandteile oder Spurenelemente ermittelt worden. Zum Vergleich sind die oxydfrei berechneten Hauptbestandteile der Tabelle 11 mit angeführt. 99 Gew.-% der oberen Erdkruste bestehen aus nur 8 Elementen, darunter ist der

Tabelle 12

	Nordamerikanische Kordilleren und Appalachen (Daly)	Nordamerikanische Kordilleren (Moore)	Kanadischer Schild (Grout)	Präcambrium Finnlands (Sederholm)	Eruptivgesteine der oberen Erdkruste der Kontinente (10—15 km) (Wedepohl)
Granit	55 Vol. %	35 Vol. %	(< 50 } 70 Vol. %	} 53 Vol. %	45 Vol. %
Granodiorit	29	19	(> 25 }	}	35
Migmatit				22	
Quarzdiorit	} 5	34			
Diorit	}	2			5*
Gabbro, Basalt	7	11	10	8	15*
Ultrabas. Gesteine	0,5				0,5
Syenite und Alkaligesteine	< 1	Metamorphe Gesteine: 17			

* nach Sedimentanalysen erhöht

Tabelle 13

Häufigkeit der Elemente in den magmatischen Gesteinen der oberen Erdkruste

1 bis 100 %	10 000 bis 100 ppm	100 bis 10 ppm	10 bis 1 ppm	1 bis 0,1 ppm	0,1 bis 0,001 ppm
O 47,25	Ti 4700	V 95	B 9	J 0,5	Se 0,09
Si 30,54	P 810	Ce 75	Gd 8,8	Tm 0,3	Hg 0,08
Al 7,83	F 720	Cr 70	Sm 8,6	Bi 0,2	In 0,07
Fe 3,54	H 700	Zn 60	Pr 7,6	Sb 0,2	Ag 0,06
Ca 2,87	Mn 690	Ni 44	Dy 6,1	Cd 0,1	(Ar 0,04)
K 2,82	Ba 590	La 44	U 3,5		Pd 0,01
Na 2,45	C 320	Y 34	Ta 3,4		(Pt 0,005)
Mg 1,39	Cl 320	Cu 30	Yb 3,4		Au 0,004
	S 310	Nd 30	Er 3,4		(He 0,003)
	Sr 290	Li 30	Hf 3		(Te 0,002)
	Zr 160	N 20	Sn 3		(Re 0,001)
	Rb 120	Nb 20	Br 2,9		(Ir 0,001)
		Ga 17	Cs 2,7		(Rh 0,001)
		Pb 15	Be 2		(Os 0,001)
		Sc 14	Ho 1,8		(Ru 0,001)
		Co 12	As 1,7		
		Th 11	Eu 1,4		
			Tb 1,4		
			W 1,3		
			Tl 1,3		
			Ge 1,3		
			Lu 1,1		
			Mo 1		

Sauerstoff mit fast 50 % der weitaus häufigste chemische Bestandteil. Wegen seiner relativen Größe würde sein Anteil in Volumenprozent noch deutlich größer sein. Es ist überraschend, wie selten einige technisch wichtige Elemente im Mittel der Gesteine sind.

Vergleicht man die Zusammensetzung der oberen Erdkruste mit der der Chondrite und Peridotite (Tabelle 9) als Modellsubstanz des Erdmantels, so erscheint die Kruste als ein Differentiationsprodukt der Erde. Die in typischen magmatischen Restschmelzen angereicherten Elemente Si, Al und Alkalien sind auch in der Kruste, vor allem auf Kosten von Mg und Fe, konzentriert worden. An Nebenbestandteilen sind z. B. die Elemente: Ba, Th, U mehr als hundertfach und Ti, Sr, Zr, Rb, Li, Pb, Nb, Ta, Y und die Seltenen Erden mehr als zehnfach in der Erdkruste gegenüber der potentiellen Mantelsubstanz (Chondrite) angereichert. Auch dieser Befund unterstützt die Vorstellung, daß die Kruste ein Produkt wiederholter fraktionierter Aufschmelzung und Kristallisation von Mantelmaterial ist.

Die mittlere Zusammensetzung der Erdkruste dient uns als Bezugssystem für die spezielle Verteilung der Elemente auf die Gesteine. Zur Aufklärung der Prozesse der Gesteinsbildung kann oft der chemische Stoffbestand beitragen. Bei der Umwandlung von primären in sekundäre Gesteine (von Eruptiven zu Sedimenten, von Sedimentgesteinen zu metamorphen Gesteinen) ist häufig die Identifizierung des Ausgangsmaterials von Interesse. Hier sollte man neben den chemischen Hauptkomponenten vor allem die Nebenbestandteile berücksichtigen, die in viel größerer Zahl zur Verfügung stehen. Sie können im kriminalistischen Sinn Spurenelemente sein. Während einige dieser Nebenbestandteile in den häufigen Gesteinsarten in etwa gleichen Konzentrationen vorkommen, sind andere spezifisch angereichert. In Abb. 13 ist anschaulich dargestellt, daß z. B. Ba, Rb und Pb in den granitischen Gesteinen und Ni, Cr, Co in den Peridotiten und Basalten konzentriert sind. Als

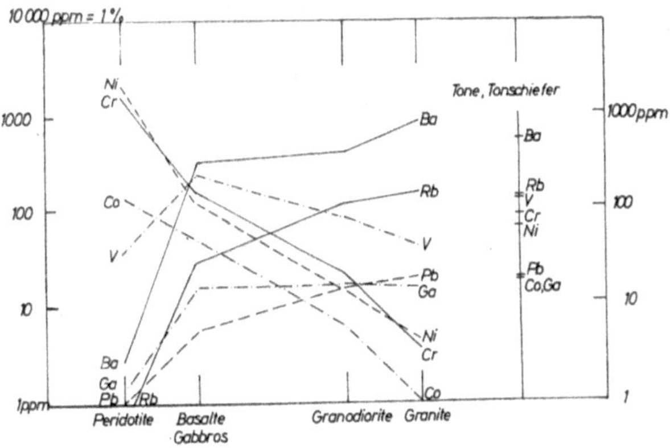

Abb. 13. Einige Spurenelemente in häufigen Gesteinsarten.

Bezugssystem „Mittel der Erdkruste" können in diesem Fall die Daten für Tone und Tonschiefer rechts im Diagramm angesehen werden.

Nachdem wir die wahrscheinlich bedeutendsten magmatischen Gesteine der oberen Erdkruste ermittelt haben, ist es leicht, über den mittleren Mineral-

Tabelle 14

Plagioklas	42 Vol. %
Kalifeldspat	22 Vol. %
Quarz	18 Vol. %
Amphibol	5 Vol. %
Pyroxen	4 Vol. %
Biotit	4 Vol. %
Magnetit	2 Vol. %
Olivin	1,5 Vol. %
Ilmenit (u. a. Ti-Minerale)	1 Vol. %
Apatit	0,5 Vol. %

bestand der magmatischen Gesteine (z. B. Angaben von E. S. Larsen jr.) die häufigsten Minerale in der Erdkruste zu errechnen. Tabelle 14 ist unter Benutzung der angeführten Daten entstanden.

Zu nicht sehr unterschiedlichen Ergebnissen kamen Clarke (1924) und Barth (1948) z. T. durch Berechnung der Norm-Minerale aus den chemischen Daten. Die Unterschiede zu den Angaben dieser Autoren liegen in deren höherer Bewertung der dunklen Silikate (rund 20 % gegenüber 14,5 % in Tabelle 14). Dagegen gilt durch die Übereinstimmung als sicher, daß die Feldspäte mit mehr als 50 % Anteil die häufigsten Minerale in der Erdkruste sind, die praktisch nur aus 10 Mineralen besteht. Diese Zahl steht einer Anzahl von 800—1000 häufiger genannten Mineralen und mehr als 7000 Mineralnamen gegenüber, unter denen es viele Synonyme und seltene Verbindungen gibt.

Die Bildung und Zusammensetzung granitisch-pegmatitischer Schmelzen

Die kontinentale Erdkruste besteht — wie im vorigen Abschnitt beschrieben wurde — zu etwa 10 km aus granitischen und die Unterkruste zu rund 20 km aus gabbroiden Gesteinen.

Die mittlere chemische Zusammensetzung der Granite und Granodiorite ist nach Nockolds (1954) in Tabelle 15 angegeben. Bei den Graniten ist das Verhältnis K-Feldspat zu Plagioklas $\geqq$ 1, bei Granodioriten $<$ 1. Bowen und seine Schule konnten zeigen, daß durch fraktionierte Kristallisation basaltischer Magmen granitische Restschmelzen gebildet werden können (siehe auch den Abschnitt über die Differentiation basaltisch-gabbroider Magmen). Die in Gabbrokörpern fast immer vorhandenen Gänge mit granophyrischen Gesteinen sind als die Bestätigung dieser Experimente durch die Natur anzusehen. Allerdings

Tabelle 15

	Granite (120)	Granodiorite (137)
SiO_2	73,1	67,4
TiO_2	0,30	0,57
Al_2O_3	13,9	15,8
Fe_2O_3	0,84	1,3
FeO	1,5	2,6
MnO	0,06	0,07
MgO	0,42	1,6
CaO	1,1	3,6
Na_2O	3,2	3,8
K_2O	5,3	3,1
P_2O_5	0,17	0,21

erreicht der Anteil granitischer Gesteine in den Gabbrokomplexen selten 5 %. Es ist quantitativ unmöglich, die 10 km mächtige Schicht granitischer Gesteine aus den gabbroiden der Unterkruste durch einfache Differentiation zu erklären.

Das Problem der Häufigkeit und das der Platznahme granitischer Gesteine hat in den letzten Jahrzehnten zu zahlreichen, physikalisch-chemisch wenig begründeten Spekulationen über ihre Entstehung geführt. Unter dem Begriff „Granitisation" wurde vor allem Stofftransport durch Diffusion in hochmetamorphen Bereichen zur Bildung granitischer Gesteine verstanden. Die Diffusionsweiten in festen Stoffen, die aus Experimenten (Verhoogen [1952] Jagitsch [1954]) bekannt sind, reichen nicht zur Erklärung von Stofftransport über den Meterbereich hinaus. Die Dampfdrucke der Silikate sind im Temperaturbereich, der für die Granitbildung in Frage kommt, zu niedrig, um zu erheblichem Massentransport über die Dampfphase zu kommen. Am wahrscheinlichsten ist für die Diffusionsvorgänge der Transport an Kornoberflächen, wenn das Metallsintern als Modellfall für die Vorgänge während der Metamorphose gelten kann.

Ein sehr starkes Argument für die Entstehung der Hauptmenge der Granite aus echten Schmelzen ist die angenäherte Koinzidenz der Mineralzusammensetzung dieser Gesteine mit der Mischung niedrigsten Schmelzpunktes im System $NaAlSi_3O_8$-$KAlSi_3O_8$-SiO_2 (Tuttle [1955], Winkler, von Platen [1961]) (Abb. 14).

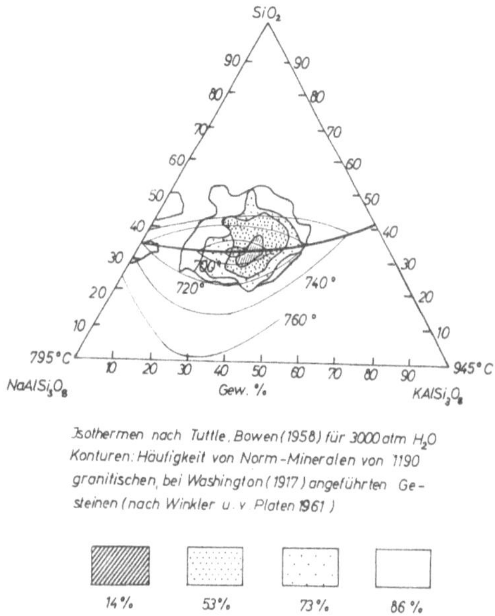

Abb. 14. Das System Albit-K-Feldspat-Quarz und die Häufigkeit der granitischen Gesteine.

Da in diesem System nicht alle Granitbestandteile, wie z. B. die Biotite, die Amphibole und die Anorthitkomponente der Plagioklase, darstellbar sind, mußte ihr Einfluß auf die Lage des ternären Schmelztemperatur-Minimums geprüft werden. Nach von Platen (1964) wandert z. B. die kotektische Linie gleichzeitiger Feldspat- und Quarzausscheidung mit zunehmendem Anorthit-Gehalt in Richtung von der Albit- zur Quarz-Ecke des Systems. Biotitzusatz verändert die Ausscheidungsfolge der leukokraten Minerale nicht. Ein weiterer wichtiger Parameter für die Verhältnisse in dem genannten System ist der Druck. Mit Druckerhöhung verändert sich die Zusammensetzung des ternären Minimums auf die Albitecke zu (Luth, Jahns, Tuttle [1964]). Bei 10 000 bar hat er sich von der Lage bei 500 bar auf halben Abstand der Albitecke genähert. Diese Tendenz hat sich auch in der Häufigkeitsverteilung der Mineralzusammenstellung granitischer Gesteine (Abb. 14) abgebildet. Während bei den meisten Experimenten unter Wasserdruck gearbeitet wurde, untersuchten Wyllie, Tuttle (1964) und von Platen (1964) den Einfluß eines für magmatische Gase möglichen Partialdruckes von HCl, HF, SO_3 u. a. Mit zunehmendem HCl-Gehalt der Gaskomponente wandert das ternäre Schmelzminimum zu einer Zusammensetzung höheren Kalifeldspatgehaltes. Konzentrationen in der Höhe von 0,25 % HCl kann man nicht erwarten. Sonst enthielte die Gasphase 4 % HCl, denn bei 2000 atm sind 6 % Wasser in der Schmelze löslich. Derartige Verhältnisse kommen nach Shephards (1938) Analysen von Einschlüssen in Obsidianen und Graniten vor, sind aber wesentlich höher als das Mittel. Außergewöhnlich ist ein Gehalt von 4 % HCl im Gas auch im Vergleich mit dem von Allen und Zies (1923) untersuchten Rhyolithgebiet des Katmai in Alaska.

Die Experimente von Winkler und von Platen (1957 bis 1961) haben wahrscheinlich gemacht, daß sich bei

Temperaturen um 700 °C und einigen tausend Atmosphären Wasserdruck granitisch-granodioritische Schmelzen aus Tonschiefern, Grauwacken oder ihren metamorphen Äquivalenten bilden können. Voraussetzung ist die Gegenwart von Wasser zur Erniedrigung des Schmelzpunktes. Die Menge Teilschmelze, die bei diesen Vorgängen entstehen kann, richtet sich nach dem zur Sättigung zur Verfügung stehenden Wasser. Wegen der Abhängigkeit der Löslichkeit des Wassers vom Druck, der auf die Schmelze wirkt, sinkt die Schmelztemperatur wassergesättigter Magmen mit der Tiefe. In Abb. 6 ist diese Eigenschaft wassergesättigter Granitschmelzen im Unterschied zu trockenen Gabbro-Basaltschmelzen als Kurve a dargestellt. Tuttle, Bowen (1958) und Winkler (1962) haben auf die Konsequenzen des Befundes für die Intrusionstiefe granitischer Schmelzen und die Notwendigkeit der Überhitzung für oberflächennahe Intrusionen hingewiesen. Bei 1000 atm Außendruck sind rund 4 % H_2O im diskutablen Temperaturbereich in granitischen Magmen löslich, bei 2000 atm rund 6 % H_2O, bei 3000 atm rund 8 %, bei 5000 atm 11 % und bei 10 000 atm 17 % H_2O. Der extreme Druck von 10 000 atm entspricht normalerweise der Tiefenlage der Mohorovičić-Diskontinuität, eine für die Granitbildung außergewöhnliche Tiefe, in der die zur Aufschmelzung bei minimalen Temperaturen notwendigen Wassergehalte nicht zu erwarten sind. Unter Druckeinfluß erniedrigt sich — wie wir gesehen haben — die Schmelztemperatur des Systems. Gleichzeitig nähert sich im Teilsystem $KAlSi_3O_8$-$NaAlSi_3O_8$ die Solvuskurve, unter der 2 Feldspäte existent sind, dem ternären Schmelzminimum. Dieses wird dadurch bei 3,6 kbar zum Eutektikum. Aus einer derartig zusammengesetzten Schmelze scheiden sich über 3600 atm Druck gleichzeitig Kalifeldspat, Albit und Quarz aus. Der petrographische Befund würde in diesem Fall eine Abschätzung des Drucks bei der Gesteinsbildung erlauben, wenn die Lage der Solvuskurve nicht zusätzlich vom Ca-Gehalt des Systems abhinge.

Die Menge Schmelze, die sich durch *Anatexis* aus festem Gestein bildet, steht in Beziehung zu der am Bildungsort vorhandenen Wassermenge. Gesteine mit weniger als 0,2 % Wasser können unter den normalen p-T-Bedingungen der Erdkruste nur zu weniger als 10 % aufschmelzen.

Zur chemischen Bilanz einer anatektischen Bildung der granitischen Gesteine aus Tonschiefern, Grauwakken oder ihnen äquivalenten Gesteinen ist ein Vergleich des Ausgangsmaterials und der potentiellen magmatischen Produkte anschaulich. Tabelle 15 zeigt die größte chemische Ähnlichkeit zwischen Granodioriten und Grauwacken. Zur Bildung von Graniten aus Tonsedimenten ist ein Natriumzuschuß und partielles Schmelzen nötig, aus dem ein Rückstand etwa gabbroider Zusammensetzung verbleibt. Den notwendigen Na-Zuschuß erwartet Winkler aus den Porenlösungen. Bedenken gegen diese Annahme entstehen aus der dazu notwendigen hohen NaCl-Konzentration der Porenlösung. Nach Hedberg (1926) u. a. macht der Porenraum derartiger Sedimentgesteine bei mehr als 3000 m Tiefenlage weniger als 5 % aus. Eine extrem konzentrierte, zwanzigprozentige NaCl-Lösung würde — bezogen auf das Gestein — durch Reaktion mit den Silikaten nur rund 0,5 % Na liefern, aber 0,5 % HCl freisetzen. Wie wir vorhin erwähnt haben und Abb. 15 zeigt, werden magmatische Gase mit einem H_2O : HCl-Verhältnis von 12 : 1 (oder ähnlich) nicht beobachtet. Von Platen (1964) konnte experimentell zeigen, daß aus granitischen Schmelzen mit $\geqq$ 2,5 % HCl kein Biotit mehr auskristallisiert.

Die Bildung und Zusammensetzung der P e g m a - t i t e hängt mit der der Granite eng zusammen. Seltener sind Pegmatite im Gesteinsverband mit Nephelinsyeniten und Syeniten. Umfassende Angaben über regionales Vorkommen, Stoffbestand und Varietäten finden sich bei Schneiderhöhn (1961). In der Fülle der von Pegmatiten beschriebenen Einzelheiten über spezifische Minerale und seltene Elemente überrascht die Regelmäßigkeit ihres Aufbaus und die Gleichförmigkeit ihrer Zusammensetzung in den Hauptkomponenten.

Die pegmatitischen Bildungen reichen von Drusen und Schlieren im Zentimeter-Bereich bis zu scharf begrenzten Körpern mit Querschnitten in der Größenordnung von Quadrat-Kilometern. Am häufigsten treten Pegmatite in den präcambrischen Schilden auf. Neben dem z. T. spezifischen Mineralbestand sind konzentrischer Zonarbau und das Vorkommen außergewöhnlich großer Kristalle (u. U. im Meter-Bereich) charakteristisch. Schriftgranitstrukturen zwischen Quarz und Mikroklin-Perthit kommen in der Außenzone der Pegmatite vor. Die Zwischenzone besteht meist aus Mikroklin und Muskowit mit seltenen Mineralen (Beryll, Lithiumsilikate und -phosphate — z. B. Spodumen, Amblygonit, Lepidolith, Triphylin, Lithiophilit, Petalit —, Zinnstein, Niob-Tantaloxyde, Zirkon, Seltene Erdminerale), der Kern weitgehend aus Quarz. Der Vorgang der Mineraltrennung in Zwischenzone und Kern kann noch nicht erklärt werden. Mehr als 90 % des Stoffbestandes der Granitpegmatite entspricht der chemischen Zusammensetzung der Granite. Von dem in Tabelle 15 angegebenen Mittel der Granite unterscheidet sich das der Pegmatite durch niedrige Gehalte an Ti und Fe und wenig höhere Werte der Alkalien (20 % mehr K_2O) in Pegmatiten. Die Mikroklinperthite als häufigste Pegmatitminerale bestehen zu 70—85 % aus Kalifeldspat und zu 30—15 % aus Albit. Gewöhnlich liegt der Quarzgehalt dieser Gesteinskörper bei 25 %. Nach von Platen (1964) wird das granitische Eutektikum durch Halogengehalte zu Mischungen höherer Kalifeldspat-Anteile verschoben.

Die aus Pegmatiten beschriebenen seltenen Minerale bzw. Minerale seltener Elemente sind oft Verdrängungs- oder Reaktionsprodukte von oder mit wässerigen Lösungen. Die Löslichkeit granitischer Schmelzen für Wasser ist druckabhängig. Pegmatite erreichen aber gewöhnlich hohe Intrusionsniveaus von wenigen Kilometern Tiefe. Der Außendruck bei ihrer Erstarrung dürfte meist 1500 atm nicht überschritten haben. Unter diesem Druck sind 5 % Wasser in einer granitischen Schmelze löslich. Bei einem Überschuß von Alkalien über das Verhältnis K/Al oder Na/Al = 1 erhöht sich dagegen die Löslichkeit für Wasser beträchtlich (Wasserglas). Mit Wassergehalten von mehr als 30 % und Erniedrigung der Schmelztemperatur bis 400 ° kann man nach den experimentellen Befunden in derartigen immer noch granitähnlichen Schmelzen rechnen.

Nach Fersmans Mittelwerten für die selteneren Elemente in Pegmatiten und eigenen für die Granite haben die pegmatitischen Schmelzen vor allem Li, B, Be, Mo und Sn relativ angereichert. Andere spezifische Pegmatitelemente, wie z. B. das Caesium, fallen nicht so sehr durch erhebliche Konzentrationen als durch charakteristische Minerale auf.

Magmatogene Gasförderung und ihre Produkte in Sedimentgesteinen, Meerwasser, Atmosphäre und pneumatolytischer Mineralbildung

In den vorigen Kapiteln wurde der Einfluß der Gaskomponenten auf die Schmelztemperaturen, den Intrusionsmechanismus und die Differentiation magmatischer Schmelzen besprochen. In den folgenden Abschnitten wird ihre außergewöhnliche Bedeutung für die exogenen geologischen Prozesse diskutiert.

Die Hauptbestandteile des Meerwassers ($1{,}4 \cdot 10^{18}$ t) und der Atmosphäre ($5{,}1 \cdot 10^{15}$ t) und spezifische Komponenten der Sedimentgesteine (C, S, Cl, B u. a.) stammen in primären Anteilen aus der *Uratmosphäre* und in wesentlichen Mengen aus der *ständigen Entgasung* von Erdmantel und -kruste.

Analysen von rezenten Fumarolen und von Gaseinschlüssen magmatischer Gesteine können Auskunft über die relative Zusammensetzung der magmatogenen Gasförderung geben. Es ist anzunehmen, daß diese während der Erdgeschichte einigermaßen konstant geblieben ist. Für die augenblickliche absolute Produktion gibt es nur wenige Schätzungen. Die Unsicherheit der Schätzungen beruht hauptsächlich auf der Schwierigkeit, den submarinen Vulkanismus zu berücksichtigen. Wie wir im Kapitel über den Aufbau der Erde gesehen haben, beruht die irdische Wärmeproduktion auf dem Zerfall des K 40 und der häufigeren Isotope von U und Th. Dieser Zerfall ist wäh-

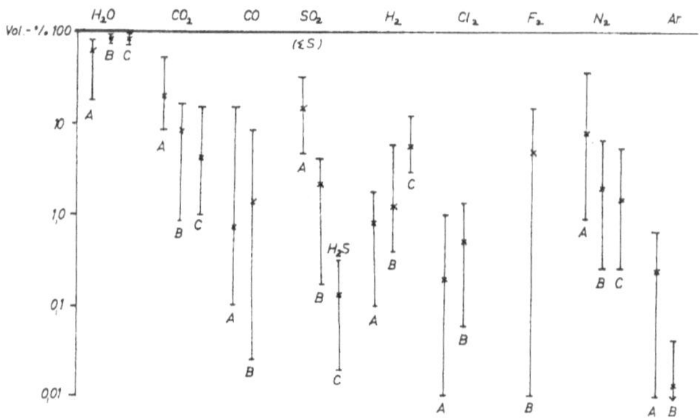

Abb. 15. Die Zusammensetzung magmatischer Gase.

A Fumarolen (12) 1200° über Basaltlava Hawaii (Auswahl aus 26 Proben von Shepherd (1938) durch Jaggar 1940).

B Gaseinschlüsse (13) in Basalten (Shepherd 1938).

C Gaseinschlüsse (7) in granitischen Gesteinen (Quarzanalysen Goguel 1963).

x Mittelwerte ( ) Probenzahl

rend der 4,5 Milliarden Jahre Erdgeschichte exponentiell abgeklungen. Die Halbwertszeit der genannten Isotope liegt in der Größenordnung des Erdalters. Mit der Wärmeproduktion muß sich auch die Gasförderung verringert haben.

Die Abbildung 15 enthält Analysenergebnisse magmatischer Gase in Variationsbreite und Mittelwerten im logarithmischen Maßstab. Die direkten Untersuchungen von den über der Lava aufgefangenen Gasen sind zuverlässiger als die älteren Bestimmungen von Einschlüssen. Als Repräsentanten der granitischen Gase wurden neue Einschlußanalysen von Granitquarzen (Goguel 1963) benutzt. Nach diesen Daten sind Wasser und Kohlendioxyd die bedeutendsten Emanationen. In dem Kapitel über die Bildung basaltischer Schmelzen wurde bereits erwähnt, daß die Hauptmenge des mit diesen Magmen geförderten Wassers in der Größenordnung von 1 % sehr wahrscheinlich nicht aus dem Erdmantel, sondern aus dem oberflächennahen Kreislauf stammt. Der unterschiedliche Oxydationsgrad des Eisens in gabbroiden und in basaltischen Gesteinen wurde auf den unterschiedlichen Wassergehalt der Magmen in den verschiedenen Krustentiefen zurückgeführt. Die von Goguel (1964) kürzlich analysierten Gas- und Flüssigkeitseinschlüsse von Gabbromineralen enthalten wahrscheinlich durchschnittlich mehr Kohlendioxyd als Wasser. Grundsätzlich muß man bei den kleinen Mengen der in festen Gesteinen eingeschlossenen Flüssigkeiten und Gase mit sekundären Veränderungen rechnen. Nur die Übereinstimmung zwischen einer größeren Anzahl von Proben, die z. T. auch nach unterschiedlichen Methoden analysiert wurden, gibt genügend Sicherheit für die magmatische Herkunft der Porenfüllung. Roedder (1964) fand in den Olivinknollen bestimmter Basalte Einschlüsse von flüssigem CO_2. Es ist denkbar, daß relativ hohe Gehalte dieses Gases die Entmischung von Karbonatitschmelzen aus Alkaligesteinsmagmen ermöglichen. Der höhere Oxydationsgrad des Eisens in Foidbasalten und deren SO_4-, Cl- und F-Konzentrationen weisen auf größere Gasgehalte (Wasser, SO_2, Cl und F) hin, die offenbar spezifisch für die Förderung von Nepheliniten, Basaniten, Phonolithen und ähnlichen Gesteinen sind. Eine Bestätigung der unterschiedlichen Gasgehalte in Alkaligesteinsschmelzen und normalen Basalten sind die Verhältnisse Tuff zu Lava bei den verschiedenen Extrusionen. Die Tuff-Förderung ist in Alkaligesteinsprovinzen oft größer als die Menge ausgeflossener Lava. Auch bei entsprechenden Intrusionen zeigt die Anlage von Ringgängen, konischen Gängen und ähnlichen Strukturen die hohen Förderenergien und Gasgehalte an.

Es ist sinnvoll, die Analysenergebnisse von magmatogenen Gasen auf Verunreinigungen durch Luftbeimischung und auf Gleichgewichtsverhältnisse zwischen ihren Komponenten zu prüfen. Im Gleichgewicht mit H_2O und CO_2 ist als Schwefelverbindung bei Temperaturen unter 1100 ° nur Schwefelwasserstoff zu erwarten. Mit zunehmender Temperatur wird dieser unter Dissoziation von Wasser zu SO_2 oxydiert. Dementsprechend unterscheiden sich basaltisch-gabbroide und granitische Schmelzen in der Art ihrer häufigsten Schwefelverbindungen. Der Schwefelwasserstoff der granitischen Magmen hat seine Bedeutung bei der Ausfällung sulfidischer Erze aus ihrem Kondenswasser.

In einer vertikal ausgedehnten Schmelze müssen sich die leichtflüchtigen Bestandteile entgegen dem Temperatur- und Druckgradienten zur Erdoberfläche hin anreichern. Es ist nur eine Frage der Diffusionsgeschwindigkeit, ob sich die Gleichgewichte (gleiche Partialdrucke der Gasarten im ganzen Schmelzkomplex) einstellen können. Höherer Außendruck erhöht mit größerer Tiefe den Partialdruck und führt somit zur Diffusion der frei beweglichen Schmelzbestandteile mit großem Molekularvolumen nach oben.

Es ist unwahrscheinlich, daß die Gesamtmenge der Entgasungsprodukte der Erdkruste primär ist, d. h. vom Entstehungsort der Magmen stammt. Bei granitischen Schmelzen ist die Möglichkeit gegeben, daß primäre Gase nicht zum ersten Male während der Erdgeschichte Sediment-, Wasser- oder Atmosphärenbestandteile sind. Die Metamorphose von Karbonaten und die Anatexis von NaCl-haltigen Sedimentgesteinen ist mit Gasproduktion von CO_2 und HCl verbunden. In bestimmten Fällen lassen sich Aussagen über die Herkunft der Gase aus Isotopenanalysen auf S^{32}/S^{34}/, O^{16}/O^{18}, C^{12}/C^{13} und $H^1/H^2/H^3$ machen. So konnten Craig, Boato und White (1954, 1956) mit Hilfe von Deuteriumgehalten und O^{16}/O^{18}-Verhältnissen der heißen Quellwässer aus Neuseeland, Island und den westlichen USA zeigen, daß diese den jeweils unterschiedlichen Oberflächenwässern ähnlich sind. Die Analysenergebnisse lassen einen maximalen, aber nicht notwendigen iuvenilen Anteil von etwa 5 % an diesem Wasser zu.

Sedimentgesteine, Meerwasser und Atmosphäre enthalten zusammen 180 mal mehr Wasser, 70 mal mehr Kohlenstoff, 270 mal mehr Stickstoff, 250 mal mehr Chlor und 25 mal mehr Schwefel als eine der Sedimentmenge äquivalente Masse Eruptivgestein durch die Verwitterung liefern könnte. Die absoluten Werte für einige Bestandteile von Meerwasser, Sedimentgesteinen und Atmosphäre sind in Tabelle 16 zusammengestellt worden. Die erheblichen Mengen leichtflüchtiger Verbindungen müssen durch den Gehalt der Uratmosphäre und durch die ständige magmatische Entgasung geliefert worden sein. Kohlenstoff und Schwefel haben sich dabei bevorzugt in den Sedimentgesteinen, Chlor im Wasser und Stickstoff in der Atmosphäre gesammelt. Der Argongehalt der Atmosphäre entstammt dem K^{40}-Zerfall.

Tabelle 16

Gesamtmasse des Wassers	$1{,}41 \cdot 10^{18}$ t
Wasser in den Flüssen	$5{,}1 \cdot 10^{14}$ t
Masse der in den Ozeanen gelösten Salze	$5{,}1 \cdot 10^{16}$ t
Masse des in den Ozeanen gelösten Cl^-	$2{,}78 \cdot 10^{16}$ t
Masse des in den Ozeanen gelösten SO_4^{2-}	$3{,}88 \cdot 10^{15}$ t
Masse des in den Ozeanen gelösten HCO_3^-	$2{,}04 \cdot 10^{14}$ t
Masse der Sedimentgesteine	$1{,}2 \cdot 10^{18}$ t
Wasser in den Sedimentgesteinen	$\sim 3 \cdot 10^{17}$ t
Kohlendioxyd in den Sedimentgesteinen	$6{,}2 \cdot 10^{16}$ t
Schwefel in den Sedimentgesteinen	$4{,}5 \cdot 10^{15}$ t
Chlor in den Sedimentgesteinen	$3{,}8 \cdot 10^{15}$ t
Stickstoff in den Sedimentgesteinen	$5{,}2 \cdot 10^{14}$ t
Stickstoff in der Atmosphäre	$3{,}86 \cdot 10^{15}$ t
Sauerstoff in der Atmosphäre	$1{,}18 \cdot 10^{15}$ t
Argon in der Atmosphäre	$6{,}55 \cdot 10^{13}$ t

Die *Geschichte von Atmosphäre und Meerwasser* ist zum Teil aus dem Vorkommen und Fehlen bestimmter Sedimenttypen zu rekonstruieren. Die Zusammensetzung der Uratmosphäre kann nicht dem Mittel der Gase des Sonnensystems entsprechen. Sie ist ein leichtflüchtiger Rückstand der chemischen Reaktionen zwischen Primärbestandteilen des kosmischen Staubes, die unter den niedrigen Temperaturen unseres Sonnenabstandes möglich waren. Eine Temperaturerhöhung trat erst durch die Gravitationsenergie der Agglomerierung auf. Das Schwerefeld des sich bildenden Planeten war und ist selbst bei den niedrigen Oberflächentemperaturen der Erde nicht in der Lage, die leichtesten Gase wie H und He großenteils in ihrer Atmosphäre zu halten. Die bei Vergleich der irdischen und der kosmischen Häufigkeit der leichten Elemente feststellbare relative Anreicherung von H, O, N, C und S gegenüber den Edelgasen bestätigt die Annahme einer relativ kalten Bildung der Erde. Die genannten Elemente müssen kondensationsfähige Verbindungen gebildet haben und sind dadurch in größeren Anteilen im Schwerefeld des Protoplaneten gehalten worden (Brown [1952]). Wie schon in einem früheren Kapitel erwähnt wurde, nimmt Urey (1951) an, daß diese primären Verbindungen Methan, Ammoniak, Wasser, Wasserstoff, Stickstoff, (Kohlendioxyd und Schwefelwasserstoff) waren. Rubey (1951) glaubt, daß die Uratmosphäre primär einen höheren Gehalt an gebundenem Sauerstoff hatte (H_2O, CO_2, N_2 und H_2S). In Tabelle 2 sind die spektroskopischen Analysen der Atmosphäre unserer Nachbarplaneten angegeben worden. Merkur hat wegen der hohen Oberflächentemperatur und geringen Gravitation überhaupt keine Atmosphäre. Die Mars- und Venusatmosphäre besteht vorwiegend aus Stickstoff und CO_2. In den großen äußeren Planeten sind CH_4 und NH_3 die wichtigsten Gase. Der Gehalt an freiem Sauerstoff ist in der Erdatmosphäre erst während der Erdgeschichte gebildet worden. Der Verbrauch an Sauerstoff durch Oxydation von Eisen, Methan, Ammoniak, Schwefelwasserstoffen usw. wird ständig ausgeglichen durch Dissoziation von Wasser in der höheren Atmosphäre und anschließende Schweretrennung von Sauerstoff und Wasserstoff. Ebenso erfolgt die Nachlieferung aus der Assimilation der Pflanzen.

Es ist wichtig zu wissen, ob die Hauptmenge der genannten leichtflüchtigen Verbindungen bereits in der Uratmosphäre vorkam oder erst während der Erdgeschichte in Erdmantel und -kruste freigesetzt wurde. Rubey (1951) hat für den zuerst genannten Fall berechnet, daß diese Uratmosphäre einen Druck von 300 kg/cm^2 auf die Erdoberfläche ausgeübt hätte. Nach Kondensation des Wassers wäre eine chemisch sehr aggressive HCl-Lösung mit einem $p_H < 1$ entstanden. Nach der Wasserkondensation verblieb eine zu 90 %

aus CO_2 bestehende Atmosphäre mit 4 kg/cm^2 Druck. Ein hoher CO_2-Gehalt hat wegen der Absorption von Sonnenenergie im langwelligen Strahlungsbereich eine erhebliche Erwärmung der Atmosphäre zur Folge. Da die Geschwindigkeit der Silikatverwitterung mit der Temperatur und reziprok zum p_H zunimmt (Correns 1961—1963), muß mit der Wasserkondensation eine intensive Gesteinsverwitterung der magmatischen Gesteine an der Erdoberfläche eingesetzt haben. Mit den durch die Verwitterung frei werdenden Alkali- und Erdalkalionen stieg der p_H und verringerte sich die Geschwindigkeit der Gesteinszersetzung. Die Annahme, daß das Meerwasser und seine leichtflüchtigen Bestandteile schon weitgehend der Uratmosphäre entstammen, verlangt die Anreicherung spezieller Sedimente in der frühen Erdgeschichte. Karbonat- und Eisensulfidfällung müßte weitgehend auf diese Zeit beschränkt gewesen sein. Ihre Löslichkeit ist im Gegensatz zu der des NaCl sehr niedrig. Außerdem muß für diese Zeit eine reduzierende Atmosphäre angenommen werden. Es gibt keine Hinweise auf eine Abnahme der Kalksedimentation im Verlauf der geologischen Geschichte und auf das konzentrierte Vorkommen sedimentärer Eisensulfide im frühen Präcambrium.

Die fortgesetzte chemische Verwitterung CO_2-armer Gesteine, deren Ca- (und z. T. Mg-) Gehalt als $CaCO_3$ [und $CaMg(CO_3)_2$] ausfällt, verlangt ebenso wie die Assimilation organischer Substanzen und ihre Konservierung im Sediment eine ständige Nachlieferung von CO_2. Dieses Defizit liegt nur in der Größenordnung von wenigen ppm des die Ozeane beliefernden Flußwassers, beträgt aber insgesamt pro Jahr $6 \cdot 10^7$ t CO_2 (davon 10^7 t für organische Substanzen). Falls die erforderliche Nachlieferung von CO_2 einmal für längere Zeit aufhört, wird das Meerwasser durch die bei der Verwitterung freiwerdenden Erdalkalien immer alkalischer. In wenigen Millionen Jahren müßte der p_H von 8,2 auf > 9 steigen. Etwa von p_H 10 an fällt Mg $(OH)_2$ aus. Da eine entsprechende Magnesiumanreicherung in Sedimentgesteinen nicht auftritt, ist das CO_2 während der Erdgeschichte genügend gleichmäßig nachgeliefert worden.

Kann die aus wenigen Gebieten mit aktivem Vulkanismus extrapolierte Gasproduktion die Gehalte in den Sedimentgesteinen und im Meerwasser erklären? Wenn alles Wasser an der Erdoberfläche relativ gleichmäßig gefördert worden wäre, betrüge die jährliche Zufuhr zu den Gewässern etwa $5 \cdot 10^8$ t. Bei einem angenommenen juvenilen Wassergehalt von 0,1 % sind zur Förderung durch basaltische Magmen jährlich $5 \cdot 10^{11}$ t Schmelze notwendig. Das entspricht einem Volumen von mehr als 100 km³ Basalt. Dieser Wert ist selbst bei Annahme eines sehr aktiven submarinen Vulkanismus hoch. Über die jährliche Chlorabgabe zweier bedeutender vulkanischer Gebiete liegen Meßwerte von Zies (1929) und Shepherd (persönliche Mitteilung an Zies) vor: die Fumarolenfelder des Tales der zehntausend Dämpfe beim Katmai in Alaska mit $1{,}25 \cdot 10^6$ t HCl; der Kilauea Krater in Hawaii mit $3 \cdot 10^1$ t HCl. Die $3 \cdot 10^9$ Jahre währende zehnfache Produktion des Katmaigebietes kann den Chlorgehalt des Meerwassers und die dreifache Produktion den Schwefelgehalt der Sedimentgesteine und des Meerwassers erklären.

Neben der weitreichenden geologischen Bedeutung der Hauptbestandteile der magmatischen Gase darf ihr kondensierbarer Gehalt an Nebenkomponenten nicht übersehen werden. Die durch Kondensation oder Reaktion bedingte örtliche Anreicherung dieser Bestandteile kann zu *pneumatolytischen Lagerstätten* von wirtschaftlicher Bedeutung führen. In den vulkanischen Sublimaten werden oft die folgenden Elemente gefunden: Cl, S, F, Na, K, N, Ca, B, Si, Fe, Mn, Cu, Pb, Zn, Ni, Co, Sn, Mo, Se, Ag, As, Hg, Bi, Te, Tl, Sb, Cd.

Die kontaktpneumatolytischen Lagerstätten führen hauptsächlich Kupferkies, Pyrit, Magnetkies, Bornit, Zinkblende, Molybdänglanz, Arsenkies, Wolframit, Zinnstein, Kobaltkies (Gold, Silber). Weltweite Bedeutung haben pneumatolytische Lagerstätten von Zinnstein im endogenen und exogenen Kontaktbereich granitischer Intrusionen. Die Transportfähigkeit vieler Metalle liegt in magmatischen Gasen an den relativ hohen Dampfdrucken ihrer Halogenverbindungen. Krauskopf (1957, 1959) hat für ein natürlich mögliches Modellgas von 10^3 atm H_2O, 30 atm H_2S und 10 atm HCl die Dampfdrucke derartiger Verbindungen bei 600 °C berechnet (Tabelle 17).

Tabelle 17

$SbCl_3$	: 0,7 atm	$CdCl_2$	: $10^{-4,6}$ atm
$AsCl_3$	~ 0,1 atm	$ZnCl_2$	: $10^{-4,7}$ atm
$HgCl_2$	: hoch	$CoCl_2$	: 10^{-5} atm
$BiCl_3$	: $10^{-2,2}$ atm	MoO_3	: $10^{-5,1}$ atm
$PbCl_2$	: $10^{-2,3}$ atm		
$SnCl_4$	: $10^{-2,9}$ atm	Cu_2S	: $10^{-5,7}$ atm
$MnCl_2$	: $10^{-3,4}$ atm	$NiCl_2$	: $10^{-6,2}$ atm
$FeCl_2$	: $10^{-3,9}$ atm	AgCl	: $10^{-7,3}$ atm

Die Chloride der Elemente Ti, Cr und V haben Dampfdrucke $< 10^{-10}$ und können deshalb zum Transport dieser Elemente selbst in langen Zeiten wenig beitragen.

Für die pro Zeiteinheit über die Dampfphase transportierte Menge einer Metallverbindung ist von ausschlaggebender Bedeutung in welchen Konzentrationen die betreffenden Elemente in den Schmelzen vorliegen, aus denen die Gase entweichen. In basaltisch-gabbroiden Schmelzen kommen z. B. die in Tabelle 17 genannten Elemente in folgender Reihe abnehmender Häufigkeit vor:
Fe, Mn, Ni, Cu, Zn, Co, Pb, Sn, Mo (10 000—1 ppm).

Durch die höheren Gehalte der für vulkanische Gase spezifischen Nebenbestandteile in Tiefseetonen kann man an einen Zusammenhang denken. Die Tiefseegebiete sind außer der sehr langsamen Sedimentbildung durch einen starken Vulkanismus gekennzeichnet.

Für den Lösungs-Transport im *überkritischen Zustand* des Wassers liegen bisher nur relativ wenige Meßergebnisse vor, von denen SiO_2 als Beispiel einer schwerlöslichen Substanz (Kennedy [1950], Anderson, Burnham [1965]) und KCl und $CoCl_2$ als leichtlösliche Verbindung (Jasmund [1952] Franck [1963]) genannt seien. Die Löslichkeit verändert sich im Grenzgebiet des unterkritischen und überkritischen Zustandes wenig. Im überkritischen Bereich nimmt sie vor allem mit der Gasdichte zu. Das Ionenprodukt des reinen Wassers wächst mit steigender Temperatur und Dichte und ist z. B. bei 600 °C und 2000 atm bereits rund 10^5 mal größer als unter Normalbedingungen. Tödheide und Franck (1963) haben den Verlauf der kritischen Kurve des geologisch wichtigen binären Systems H_2O-CO_2 im gesamten Mischungsbereich aufgenommen. Die kritische Kurve erreicht bei 2500 atm eine minimale Temperatur von 268 °C.

Man kann im überkritischen Zustand des Wassers keinen außergewöhnlichen Transport schwerlöslicher Sulfide erwarten, der für die Lagerstättenbildung entscheidende Bedeutung hat. Der Transport von SiO_2 ist bei hohen Temperaturen von mehr als 600 °C und mehr als 2000 atm Druck allerdings bedeutend. Die Löslichkeit liegt in diesem Beispiel (Kontaktmetamorphose) über 1 % SiO_2 (Anderson, Burnham).

Mineralbildung aus magmatogenen Lösungen

Die Bildungstemperatur vieler wirtschaftlich bedeutender Mineralkonzentrate liegt wahrscheinlich unter der kritischen Temperatur des Wassers. Es handelt sich dann um Transport und Ausfällung aus *hydrothermalen Lösungen.* In diesen Absätzen spielen die Sulfide (Arsenide, Sulfosalze) von Fe, Cu, Pb, Zn, Ni, Co, Ag, Hg, As, Sb, Bi, Mo als Erze und einige Oxyde, Karbonate, Sulfate, Fluoride als Gangminerale eine besondere Rolle.

Am wichtigsten für die Aufklärung der Natur der hydrothermalen Lösungen sind die syngenetischen submarinen Ablagerungen. Die Erzkörper des Rammelsberges bei Goslar und von Meggen im Sauerland gehören wegen ihrer konkordanten Lagerung und wegen des Fehlens von reaktionsfähigen Nachbargesteinen, die sie örtlich ersetzt haben könnten, offenbar zu diesem Typ. Der schroffe Unterschied in Temperatur und chemischer Zusammensetzung zwischen Thermallösungen und Meerwasser hat wahrscheinlich zur örtlich sehr begrenzten Ausfällung des Mineralinhalts dieser Lagerstätten am Boden des Devonmeeres geführt. Aus dem geringen Gehalt silikatischer Tonbestandteile im Erzkörper muß man auf einen relativ schnellen Bildungsvorgang und entsprechend hohe Konzentrationen der Lösungen schließen.

Als epigenetische Bildungen unterscheidet man Gang-, Verdrängungs- und Imprägnationslagerstätten. Unter *Lagerstätten* verstehen wir örtliche Konzentrationen von Mineralen, deren wirtschaftlich wichtige Elemente gegenüber dem Nebengestein um mehr als den Faktor zehn angereichert worden sind. In Tabelle 18 sind Daten für Zn, Pb, Cu und Ag in häufigen Gesteinstypen und in Lagerstätten zusammengefaßt worden. Sie zeigen, daß zur wirtschaftlichen Ausnutzung der Metalle Pb, Zn, Cu wesentlich höhere Anreicherungsfaktoren als 10 gegenüber normalen Gesteinen nötig sind. Die unter den Weltvorräten angegebene Menge hängt stark vom Stand der Untersuchungen ab.

Die den sulfidischen Erzen entsprechenden Verbindungen gehören zu den schwerstlöslichen Reaktions-

Tabelle 18

	Mittlere Konzentration einiger Erzmetalle in häufigen Gesteinsarten in ppm						Weltvorräte in nutzbaren Lagerstätten in t	Anreicherung in Lagerstätten gegenüber häufigen Gesteinen	Weltproduktion im Jahr 1960 in t
	Basalte	Granodiorite	Granite	Tonschiefer	Sandsteine	Kalke			
Zn	100	60	40	95	15	20	$2{,}5 \cdot 10^8$	$\sim 1:500$	$3{,}2:10^6$
Cu	87	25	8	45	30	4	$2{,}5 \cdot 10^8$	$\sim 1:1000$	$4{,}2:10^6$
Pb	6	15	19	20	7	9	$1{,}5 \cdot 10^8$	$\sim 1:1000$	$2{,}4:10^6$
Ag	0,1	0,05	0,04	0,07	0,0X	0,0X			
S	270	400	250	2400	240	1200			

produkten der analytischen Chemie. Das Hauptproblem der hydrothermalen Lagerstätten liegt in der Aufklärung der Zusammensetzung von Lösungen, in denen genügend große Schwermetallgehalte neben Sulfidionen transportiert werden können. Die Tabelle 19 enthält Angaben über die Größenordnung der

Tabelle 19

Berechnete Löslichkeiten in Mol/Liter bei p_H 7 aus Krauskopf (1961) nach Ellis (1959) (unter der Annahme: $\Delta C_p = -50$ Kal/Grad; die meisten thermodynamischen Daten bei 25 °C nach Latimer)

	25 °C	300 °C
Ag_2S	$5{,}8 \cdot 10^{-15}$	10^{-8}
Cu_2S	$1{,}3 \cdot 10^{-14}$	10^{-9}
FeS	$2{,}2 \cdot 10^{-6}$	10^{-6}
PbS	$3{,}3 \cdot 10^{-11}$	10^{-7}
ZnS	$9{,}0 \cdot 10^{-10}$	10^{-8}

Löslichkeit der Sulfide im Wasser bei 25 °C und bei 300 °C nach Berechnungen von Krauskopf (1961). Das Löslichkeitsprodukt K bestimmt man aus der freien Energie des betreffenden Sulfids und seiner Ionen: $\Delta G = -RT \ln K$. Nach der Van't Hoffschen Gleichung ergibt sich die Änderung des Löslichkeitsproduktes mit der Temperatur. Bei der Berechnung der Löslichkeit aus dem Löslichkeitsprodukt benötigt man die Dissoziation von H_2S, die sich nicht linear mit der Temperatur ändert. Die Unsicherheit der Berechnungen durch die Extrapolation thermodynamischer Daten ist nicht so groß, daß man in diesem Temperaturbereich Konzentrationen von 1 ppm erwarten könnte. Derartige Gehalte sind aber für die Bildung der Lagerstätten notwendig. Andernfalls sind die Wassermengen, die durch relativ kleine Querschnitte von

Gesteinsklüften fließen müßten, nur denen großer Flüsse vergleichbar.

Dieses Wasser muß obendrein an den Komponenten der Gangminerale wie $CaCO_3$, SiO_2, $BaSO_4$ usw. gesättigt sein. Für die dazu notwendigen großen Massen Ca, Si, Ba, CO_3, SO_4 usw. kennt man weder Herkunfts- noch Ablagerungsort. Die angenommenen Schwermetallgehalte von mehr als 1 ppm werden tatsächlich in Flüssigkeitseinschlüssen von Gangmineralen (Czamanske, Roedder, Burns [1963]) und in den kürzlich am Salton Sea in Kalifornien in 1700 m Tiefe erbohrten Hydrothermen nachgewiesen (Tabelle 20). Roedder (1960) hat aus mikroskopischen Dreiphaseneinschlüssen in Erz- und Gangmineralen, in denen winzige Erzkriställchen aus der noch vorhandenen Lösung ausgeschieden wurden, das dazu notwendige Konzentrationsgefälle auf 1—100 ppm geschätzt. Nur wenn in einer Flüssigkeitsblase mehrere Kriställchen vorkommen, die größenproportional zu den Einschlüssen sind, ist ihre in-situ-Fällung gesichert. Bei 10 ppm Schwermetallkonzentration entsteht eine Lagerstätte mit 10^8 t einprozentigen Erzes aus der Wasserförderung von 300 l/sec eines sich in 10^4 Jahren abkühlenden Granitkubus mit 16 km Kantenlänge.

Zur Aufklärung der *Transportart der Schwermetalle* ist die Analyse der Lösungskomponenten wichtig. Transport in kolloidaler Form ist für die Erzlösungen unwahrscheinlich, weil die nicht selten beobachteten Umlagerungen im Erzkörper auf diese Weise nicht zu erklären wären.

Da die meisten Gangerze in der Nachbarschaft von Granit-, Granodiorit- und Quarzmonzonitkomplexen vorkommen, muß man in den in ihren Schmelzen gelösten Gasen die Transportmedien der Erzsubstanzen vermuten. Bei der Kristallisation der Granit-, Pegmatit-, Gang- und Erzminerale sind Teile dieser Gase und der aus ihnen kondensierten Flüssigkeiten eingeschlossen worden. Die Anionenbestandteile der

Tabelle 20. Konzentrationen in Flüssigkeitseinschlüssen von Granit- und Gangmineralen in % — Probenzahl ( )

	Na	K	Ca	Mg	Cu	Mn	Zn	Cl	SO_4^{2-}	CO_2
Quarz aus Rhyolith-Gang (1) Roedder (1963)	0,047	0,011	0,006	0,01	n. b.	n. b.	n. b.	0,063	0,063	n. b.
Quarz (1) Cu, Pb, Zn-Lagerstätte. Czamanske, Roedder, Burns (1963)	n. b.	n. b.	n. b.	n. b.	0,006 bis 0,014	0,062 bis 0,069	0,041 bis 0,13	n. b.	n. b.	n. b.
Quarz aus Graniten (6) Goguel (1963)	14,6	20,7	0,9	n. b.	n. b.	n. b.	n. b.	18	5,2	1,4
Quarz aus Pegmatiten (3) Goguel (1963)	9,2	7,2	0,8	n. b.	n. b.	n. b.	n. b.	14	4,6	1,2
Flußspat aus Missisippi-Valley-Typ Lagerst. (3) Roedder (1963)	4,8	0,4	0,66	$\leqq$ 0,4	n. b.	n. b.	n. b.	9,4	1,8	n. b.
Flußspat Illinois (1) Czamanske, Roedder, Burns (1963)	n. b.	n. b.	n. b.	n. b.	0,015 bis 0,91	0,033 bis 0,045	0,057 bis 1,1	n. b.	n. b.	n. b.
Zinkblende aus Lagerstätten wie oben (2) Roedder (1963)	5,25	0,26	1,6	0,18	n. b.	n. b.	n. b.	10,78	1,1	n. b.

Zinkblende-Lagerstätten Colorado, Spanien, Japan (5) Roedder (1963)	3,22	0,4	1,23	0,25	n. b.	n. b.	n. b.	6,48	0,87	n. b.

in Quarzen versch. Vorkommen (Roedder 1963) Li/K = 0,01, Rb/K = 0,001

Rezente Hydrotherme
Salton Sea-Thermalgebiet, Californien (nach White [1964])

1700 m Bohrungstiefe

220 °C Temperatur der Probenahme

P_H 5,5

Na	5,1 %	Cl	18,5 %	Fe	3200 ppm	Zn	970 ppm
Ca	4,0 %	B	0,052 %	Mn	2000 ppm	Pb	100 ppm
K	2,5 %	Br	0,015 %	Al_2O_3	450 ppm	Cu	10 ppm
Mg	0,07 %	SO_4^{2-}	0,006 %	SiO_2	>110 ppm	Ag	1 ppm
Sr	0,07 %	F	0,0018 %				
NH_4^+	0,05 %	J	0,0022 %				
Li	0,03 %	As	0,0015 %				
Ba	0,02 %						
Rb	0,017 %						
Cs	0,002 %						

nichtkondensiertes Gas: CO_2 (0,3 % H_2S; CH_4)

Einschlüsse wurden bereits im vorigen Kapitel besprochen. In Tabelle 20 sind nach einigen neueren Arbeiten Analysendaten von Flüssigkeitseinschlüssen zusammengestellt worden. Die meisten dieser Lösungen enthalten höhere Alkali- und Chlorid-Konzentrationen als das Meerwasser. Bei der Prüfung der Kationen und Anionen auf Äquivalenz ergibt sich für die Granitquarze ein deutliches Übergewicht der Kationen und damit eine alkalische Reaktion. Nach White (1957) setzen sich aus heißen Quellen, die ähnlich NaCl-reich sind wie die genannten Flüssigkeitseinschlüsse, in Steamboat-Springs, Yellowstone (USA) und Weiraki (Neuseeland) Erze ab.

Die Diskrepanz zwischen der Löslichkeit der Sulfide in heißem Wasser (Tabelle 19) und den beobachteten Schwermetall-Konzentrationen (Tabelle 20) läßt auf Löslichkeitserhöhung durch Lösungsgenossen schließen. Die experimentellen Bemühungen um dieses Problem haben gezeigt, daß *Komplexbildung* mit Schwefelverbindungen die notwendigen Transportmengen ermöglicht. Ob die Konzentration der Schwefelionen in den natürlichen Lösungen zur wirksamen Komplexbildung ausreicht, ist die Frage. Die Art der Schwefelionen hängt von Temperatur, p_H und Sauerstoffpartialdruck ab (Barnes, Kullerud [1960, 1961]). Die Seltenheit von elementarem Schwefel in hydrothermalen Lagerstätten läßt sich nach den Untersuchungen im System H-S-O nur durch die Annahme niedriger Wasserstoffaktivität in den natürlichen Lösungen erklären. Im mittleren bis hohen p_H-Bereich ist HS^- das vorherrschende Schwefelion. Mit HS^- bilden eine Reihe von Schwermetallen Komplexe der Form: Zn $(HS)_3^-$, Cd $(HS)_3^-$, CuS $(HS)^-$, Pb $(HS)_3^-$. Barnes (1964) glaubt, daß die Bisulfid-Komplexe zum Metalltransport für Lagerstättenkonzentrationen ausreichen. Wenn man seine 1959 für Zinkkomplexe veröffentlichten Daten extrapoliert, so ist zu einer Zinkkonzentration von gut 10 ppm ein H_2S-Partialdruck von 1 atm nötig. Die Analyse von Flüssigkeitseinschlüssen und die thermodynamische Berechnung der Lösungszusammensetzung aus Mineralparagenesen (z. B. Barton [1957]) läßt niedrigere Schwefelwasserstoffkonzentrationen erwarten. Außerdem kann das Vorkommen von Pyrit in hydrothermalen Erzparagenesen nicht durch Bisulfidkomplex-Transport erklärt werden. Chloridkomplexe können nach Barnes nur die Erhöhung der Löslichkeit von Pb und Ag erklären. Polysulfidkomplexe sind bei höheren Temperaturen wenig stabil.

Die Aufklärung der Bildungsbedingungen von Erzverwachsungen, die Erkennung von Paragenesen und die Temperaturbestimmung aus Mischkristallbildung und Entmischung erfordert die Kenntnis der *Phasenbeziehungen*. In den letzten Jahren sind mehrere Zwei- und Dreistoffsysteme von wichtigen Erzkomponenten experimentell untersucht worden, z. B. die Systeme Cu-Fe-S und Fe-S-O. Die meisten Ergebnisse finden sich in den Jahrbüchern des Geophysical Laboratory der Carnegie-Stiftung in Washington; eine Zusammenfassung gab Kullerud (1964). Die Sulfide bereiten vor allem bei niedrigen Temperaturen experimentelle Schwierigkeiten. Sulfid-Phasen mit nichtstöchiometrischer Zusammensetzung — d. h. Metallmangel — treten bei niedrigen Temperaturen auf. Sie lassen sich bei der Synthese schlecht von der Bildungs- auf die Untersuchungstemperatur abschrecken.

Die *Temperaturbestimmung* aus Mischkristallen ist nicht einfach. Sie setzt die genaue Kenntnis der entsprechenden Systeme und der Einflüsse dritter Partner voraus.

Wichtige Anhaltspunkte zur Aufklärung der Lagerstättenbildung können Analysen der *Isotopenzusammensetzung* von Erz- und Gangkomponenten liefern. Die Fraktionierung der Schwefelisotope S^{32} und S^{34} durch den bakteriellen Stoffwechsel — relative Anreicherung des leichten Schwefels im Schwefelwasserstoff und des schweren im Sulfatrückstand — ist ein Musterbeispiel für diese Prozesse. Die beiden häufigen Schwefelisotope S^{32} und S^{34} haben in rein magmatogenen Sulfiden ein Verhältnis von 22,2 ähnlich wie im Troilit von Meteoriten. Der Grad der Isotopenfraktionierung ist in Redox-Prozessen reziprok zur Reaktionstemperatur. Durch bakteriogene Sulfatreduktion kann sich im Schwefelwasserstoff und den Sulfiden, je nach physiologischen Bedingungen und Größe des Systems, leichter Schwefel bis zu S^{32}/S^{34} — Verhältnissen von mehr als 23,3 anreichern. Somit kann man für eine Reihe von Lagerstätten durch massenspektrometrische Analyse Aufschluß über die Herkunft und die Bildungstemperatur des Schwefels bekommen. In bestimmten Lagerstätten ist auch die Zusammensetzung des Bleis als Mischung dreier radiogener Isotope spezifisch für eine bestimmte Herkunft und Geschichte des Elementes. Die Bleiisotope 206, 207 und 208 haben sich als Endprodukte der Zerfallsreihen des U^{238}, U^{235} und Th^{232} gegenüber dem nichtradiogenen Pb^{204} im Verlauf der geologischen Geschichte in den Blei-haltigen Mineralen relativ angereichert. Der Zeitpunkt der Abscheidung dieser Minerale aus einem größeren geschlossenen System, dessen Geschichte und dessen U/Pb- und Th/Pb-Verhältnisse bestimmen die Isotopenzusammensetzung des Mineralbleis. Wegen dieser Anzahl von Unbekannten ist die Alters- oder Herkunftsangabe des Bleis meist mehrdeutig. Die beachtliche Konstanz im U/Pb-Verhältnis der Bleientwicklung vieler Proben (Russell, Houtermans, Slawson, Shaw u. a.) deutet auf homogene Gesteinsareale als Ursprung des Bleis hin. Wie das Beispiel von Bleiberg in Österreich zeigt, gibt es Erze mit höherem Isotopenalter als das Nebengestein. Die für die Lagerstätte verantwortlichen Schmelzen oder deren Ursprungsgesteine müssen über lange Zeit abnorm niedrige U/Pb-Verhältnisse gehabt haben.

Nach einer anderen Deutung handelt es sich um sekundär abgelagerte Bleiminerale.

Diese Beispiele erinnern an ein anderes Problem der Lagerstättenkunde, das der *Herkunft der Metallgehalte*. Selbst wenn die zu Hydrothermen kondensierten magmatischen Gase oft ihren wesentlichen Lösungsinhalt aus den Schmelzen mitführen, ist auch eine Mobilisation von Metallen aus der Wechselwirkung mit dem Nebengestein denkbar (Lateralsekretion). Das kürzlich untersuchte Beispiel der hydrothermalen Zersetzung von Basalten in Island zeigt, daß saure heiße Wässer wesentlich wirksamer im Stoffumsatz sind als alkalische. Granite sind schon bei den tiefen Temperaturen der Verwitterung sehr anfällig für Pb-, Zn und Cu-Verluste. Mechanisch vergruste Granitkomplexe mit kaum feststellbarer chemischer Verwitterung können bei der Ausbleichung ihrer Biotite mehr als die Hälfte ihrer Gehalte an den erwähnten Schwermetallen verloren haben.

Für die weitgehend magmatogene Lieferung der Erzmetalle spricht der Befund von Putman, Burnham (1963), daß plutonische Gesteine in Arizona im Verband mit Lagerstätten höhere Gehalte dieser Erzmetalle haben als granitische Gesteine ohne wirtschaftlich nutzbare Erzvorkommen.

Chemische Verwitterung und Gesteinszersetzung

In den beiden letzten Kapiteln wurde bereits die Silikatverwitterung und die hydrothermale Zersetzung von Gesteinen erwähnt.

Eine systematische Behandlung der chemischen Verwitterung kann von der Untersuchung von Verwitterungsprofilen oder der Wechselwirkung zwischen Regenwasser, Flußwasser, Meerwasser und Verwitterung ausgehen. Ein anderer Weg ist die Nachahmung der Verwitterung im vereinfachenden Experiment und die Bestimmung der Löslichkeit chemisch einheitlicher

Komponenten wie Al_2O_3, SiO_2, Fe_2O_3 in Wasser unter natürlichen Bedingungen von Lösungsgenossen.

Die Geschwindigkeit der chemischen Verwitterung wird von der vorausgehenden mechanischen Verwitterung, von der Temperatur und von der Zusammensetzung der Verwitterungslösungen bestimmt. Die mechanische Zerkleinerung erhöht die Reaktionsgeschwindigkeit durch Vergrößerung der Mineraloberflächen. Mehr als 70 % der verwitterten magmatischen und metamorphen Gesteine sind im Verlauf der geologischen Geschichte von Korngrößen im Bereich von 0,1—x mm Durchmesser hinunter zu Mineralkörnern $< 20\,\mu$ Durchmesser zerkleinert worden (Tone). Die magmatischen und metamorphen Gesteine sind am anfälligsten gegenüber Reaktionen mit Wasser, weil sie nicht unter Oberflächenbedingungen gebildet worden sind. Die physikalischen Vorgänge und chemischen Reaktionen unter den niedrigen Drucken und Temperaturen der Erdoberfläche verlaufen in Prozessen, die wir Verwitterung, Bodenbildung, Transport, Sedimentbildung und Diagenese nennen. Häufig machen Sedimentbestandteile die genannten Umwandlungen wiederholt mit. Die heutige Sedimenthülle der Erde enthält also Produkte aus wiederholten Aufarbeitungsprozessen und zum geringeren Teil Material direkt aus der Verwitterung der magmatischen und metamorphen Gesteine. Als Endprodukte der Aufarbeitungszyklen bleiben wenige, chemisch ziemlich homogene Gesteinstypen übrig.

Einen Überblick über den selektiven Gang der chemischen Verwitterung bekommt man aus einem Vergleich der durchschnittlichen Zusammensetzung von magmatischen Gesteinen mit Tonen und Tonschiefern. Eine Mittelstellung zwischen diesen Extremen nehmen die Grauwacken mit ihrem wegen des kurzen Transports verhältnismäßig wenig aufgearbeiteten Verwitterungsschutt ein. Die Erhaltung relativ weicher Gesteinsbruchstücke beweist die milde Aufbereitung. Von den Amphibolen, Pyroxenen, Olivinen und Biotiten der abgetragenen Eruptivgesteine ist fast nichts erhalten geblieben; ebenso ist der Kalifeldspat großenteils abgebaut worden, der Plagioklas weniger. Natronfeldspat scheint im allgemeinen stabiler zu sein als Kalifeldspat. Quarz wird in den groben Korngrößen relativ angereichert, ebenso Chlorit und dioktaedrischer Glimmer aus metamorphen Gesteinen.

Die Tabelle 21 zeigt in der Differenz zwischen magmatischen Gesteinen und Tonen den Verlust von Na, Ca und Si an das Meerwasser, die Kalke und die Sandsteine. Diese Verluste haben ihren Grund im Fehlen von Na- und Ca-Silikaten im Bildungsbereich tiefer Temperaturen und in der mechanischen und chemischen Verwitterungsresistenz des Quarzes (keine

Tabelle 21

Mittelwerte

	Eruptivgesteine %	Grauwacken (70) %	Tone u. Tonschiefer %
SiO_2	65,4	67,1	58,9
TiO_2	0,7	0,6	0,76
Al_2O_3	14,8	14,4	16,7
Fe_2O_3	1,4	2,2 (?) 1,7	2,8
FeO	3,3	3,4	3,7
MnO	0,1	0,1	0,1
MgO	2,3	2,1	2,6
CaO	4,0	2,3	2,2
Na_2O	3,3	3,2	1,6
K_2O	3,4	1,9	3,6
H_2O^+	0,6	2,3	5,0
P_2O_5	0,2	0,2	0,2

Mineralbestand (Mittelwerte)

	Eruptivgesteine %			Grauwacken %		Tone u. Tonschiefer %
Plagioklas	42	64		30—35	35+	15
K-Feldspat	22			5		
Quarz	18			30	44+	20
Amphibol	5		Chlorit	10—15	21+	20
Pyroxen	4					
Biotit	4		Illit	15—20		35—40

+ nach Huckenholz

Spaltbarkeit, große Härte, geringe Löslichkeit im Wasser). Im Mineralbestand hat im Verlauf der chemischen Verwitterung eine beträchtliche Stoffverschiebung auf Kosten der Feldspäte zugunsten unvollständiger dioktaedrischer (illitischer) Glimmer stattgefunden.

Einige qualitative Befunde an *Verwitterungsprofilen* über häufigen primären Gesteinsarten sollen die Mineralumbildung im *Verlauf der Gesteinszersetzung* beschreiben:

In Olivinbasalten (Bolter [1961]) werden zuerst die Olivine zersetzt, es bilden sich Nontronit, Saponit und Goethit. Das freiwerdende Mg wird nur zum Teil für die Neubildungen verbraucht. Nach den Olivinen werden die Ca-reichsten Plagioklase zersetzt. Erst wenn ein Teil der Labradore und Andesine kaolinitisiert worden ist und die Olivine völlig verschwunden sind, reagieren die Pyroxene mit den Verwitterungslösungen. Die Magnetite werden ebenfalls im Anfangsstadium nicht zersetzt.

Granitische Gesteine zeigen in den ersten Stadien der Verwitterung, die weitgehend aus mechanischer Vergrusung besteht, vor allem eine Bleichung der Biotite — unter Eisenverlust. Das Eisen scheidet sich meist auf Klüften als Goethit wieder aus. Bei Fortschritt der Zersetzung treten unter Kaliumverlust an die Stelle von Biotiten: Vermiculite, Wechsellagerungsminerale und (oder) Chlorite (Butler [1953, 1954]). Die über verwitternden Granit-, Granodiorit-, Monzonit- und Syenitmassiven entstehenden Tone enthalten fast alle viel Illit-Muskowit (und Kaolinit). Die Primärgesteine sind meist arm an Muskowit. Köster (1955) führt den Glimmergehalt auf die relativ angereicherten, primär in den Kalifeldspäten vorhandenen Serizite zurück. Der Plagioklas der Granite und Rhyolithe ist gegenüber der Reaktion von Verwitterungslösungen unbeständiger als Kalifeldspat (Butler [1953, 1954], Piller [1951] und Suwa et. al. [1958]). Das

Ca der verwitternden Plagioklase wird örtlich als Calzit fixiert.

Sigvaldason (1959) beschreibt die bereits im vorigen Kapitel erwähnte Zersetzung von Basalten durch saure (pH $\geqq$ 1,5) und alkalische (pH 9,4) Hydrothermen. Uns interessiert hier nicht die die Zersetzungsgeschwindigkeit steigernde höhere Temperatur, sondern der Unterschied im pH der Lösungen. Die Zersetzung durch alkalisch reagierende Lösungen führt zu Montmorilloniten, durch saure Lösungen zu Kaoliniten und im Endstadium zu Opal.

Will man den chemischen Verlauf der Verwitterung quantitativ verfolgen, so ist wegen des Stoffverlustes durch Lösungstransport ein Bezugssystem nötig. Konzentrationsangaben, die zur Bilanz des Stoffumsatzes dienen, müssen auf die Gehalte im unzersetzten Ausgangsmaterial bezogen werden. Nur wenn das Gestein chemische Komponenten oder Minerale enthält, die praktisch nicht aufgelöst werden, läßt sich diese Rechnung durchführen. Streng (1860) hat als Bezugselemente Ti und Al vorgeschlagen, weil diese relativ wenig transportiert werden. Eine Bestätigung findet man im Vergleich der entsprechenden Spalten von Tabelle 21. Köster (1961) bekam in seiner Untersuchung eines indischen Lateritprofiles über Granit bei der Berechnung der Stoffverluste und -gewinne auf dieser Grundlage Widersprüche zum petrographischen Befund. Marshall (1940) verwendete für derartige Bilanzen als Indexminerale Quarz oder Zirkon, die in allen Horizonten nicht verändert werden sollen. Köster hat in den oben zitierten Arbeiten die chemische Beständigkeit von Quarz auf Anzeichen von Ätzung mikroskopisch geprüft. Das Lateritprofil zeigt nach dieser Berechnungsart eine örtliche relative Anreicherung von Fe^{3+}, Ti, Al, Zr, Cr, H_2O und P auf Kosten benachbarter Horizonte. Bei, Ti, Zr und Cr sind die Anreicherungsfaktoren in roten FeOOH-Konkretionshorizonten größer als 10. Dieser Gewinn wird kompensiert durch große Verluste an Mg, Ca und den Alkalien. Die Erdalkalien sind aus einigen Horizonten völlig ausgelaugt. Der nur mäßige Verlust an Si ist durch die Fixierung in Form von Kaolinit zu erklären. Auflösung und Wanderung von Kaolinsubstanz läßt sich in diesem Profil nachweisen. Die Intensität der Gesteinszersetzung bei der Lateritisierung und die örtliche Trennung von Al und Fe^{3+} durch Bildung eigener Minerale kann auf die tropischen Klimaverhältnisse zurückgeführt werden. Die Wanderung von Ti und Al zeigt die Fehler an, die man bei Benutzung dieser Elemente als Bilanzindex in dem beschriebenen Beispiel gemacht hätte.

Sigvaldason mußte mangels Quarz die Bilanz des Stoffumsatzes auf der Grundlage des unveränderten Ti-Gehaltes berechnen. Die Einwirkung der sauren und alkalischen Quellwässer unterscheidet sich in der Größe des Zersetzungshofes. Bei niedrigem pH verläuft die Silikatverwitterung schneller und im Extrem unter Verlust der gesamten Substanz bis auf einen Teil des SiO_2 (Opal, α-Cristobalit) und einen Rest Al. Die Alkalien gehen bereits in der der Quelle fernsten Zersatzzone völlig verloren, die Erdalkalien in einer Zwischenzone und das Eisen mit der Hauptmenge des Aluminiums nur in der Nähe des Förderweges. Durch die Wirkung der alkalischen Quelle wird nur das Ca nahe dem Quellenaustritt völlig fortgelöst, mit ihm ein Teil des Na, also die Kationen der Plagioklase. Das Fe ist in diesem Fall völlig fixiert worden, ebenso die Hauptmenge des Si und Al aus denen sich Montmorillonit gebildet hat. Die Existenz von Montmorillonit ist im Bereich geringer und von Kaolinit im Bereich hoher H^+-Ionenkonzentration durch die Experimente im System Na_2O-Al_2O_3-SiO_2-H_2O für Temperaturen unter 300 ° bestätigt worden (Hemley, Meyer-Richter [1961]).

Die Zersetzung einzelner Silikate (Feldspäte, Glimmer und andere) im offenen System unter Bedingungen, die die natürlichen Verhältnisse nachahmen sollen, hat Correns mit seinen Schülern experimentell untersucht (Correns [1961, 1962, 1963]). Bei der Einwirkung der wässerigen Verwitterungslösung auf die Feldspäte geht zunächst mehr an Alkalien in Lösung als dem Verhältnis K/Al, K/Si_3, Na/Al, Na/Si_3 entspricht. Dadurch bildet sich eine sehr dünne ($< 1\ \mu$), amorphe Restschicht auf den Kornoberflächen. Die Dicke der Restschicht hängt von der Geschwindigkeit der Zersetzung und der Zusammensetzung der Verwitterungslösung ab. Durch die Restschicht diffundieren mit fortschreitender Zersetzung die ionar in Lösung gehenden Komponenten des Silikats in etwa stöchiometrischen Proportionen. Je mehr sich das offene System durch Verringerung der Durchflußgeschwindigkeit dem geschlossenen nähert, um so dicker wird die Restschicht. Morey und Chen (1955) fanden in ähnlichen Versuchen bei erhöhten Temperaturen von 100 bis 200 °C in der Restschicht auf Albit: Muskowit, Böhmit und Kaolinit und bei 350 ° auch Analcim. Ein wichtiger Befund dieser Experimente in offenen Systemen ist die Erhöhung der Zersetzungsgeschwindigkeit der Silikate mit der Wasserstoffionen-Konzentration.

Weitere experimentelle Arbeiten zum Verständnis der chemischen Verwitterung gelten der Bestimmung der *Löslichkeit einiger Oxyde und Hydroxyde,* die in den Zersetzungsprozessen und als Bodenkörper für die natürlichen Lösungen eine Rolle spielen.

Die Verwitterung führt — wie wir gesehen haben — den Gewässern vor allem Alkali- und Erdalkaliionen, aber auch Si, Al und Fe zu. Den Transport der drei zuletzt genannten Elemente, der sich in sehr niedrigen Konzentrationen abspielt, kann man nur von der Löslichkeit ihrer Oxyde her verstehen. Die Oxyde — an anderer Stelle auch Silikate — begrenzen die in den Gewässern möglichen Konzentrationen. Auch die diagenetische Umlagerung im Sediment kann man vielfach aus der Kenntnis der Löslichkeit der Oxyde erklären (Correns [1948] u. a.).

Auf die Löslichkeit der Oxyde hat die Elektrolyt- und die *Wasserstoffionen-Konzentration* Einfluß. Die Azidität gibt man nach Konvention als negativen dekadischen Logarithmus der Konzentration der Wasserstoffionen an (pH). In reinem Wasser ist die Zahl der Wasserstoffionen und der Hydroxylionen gleich, nämlich: 10^{-7}. In 1 Liter Wasser sind also nur 10^{-7} Mole Wasserstoffionen; es hat einen p_H-Wert von 7. Wie wir in einem der vorigen Kapitel gesehen haben, wächst das Ionenprodukt des Wassers mit der Temperatur, der p_H-Wert des Neutralpunktes nimmt also ab.

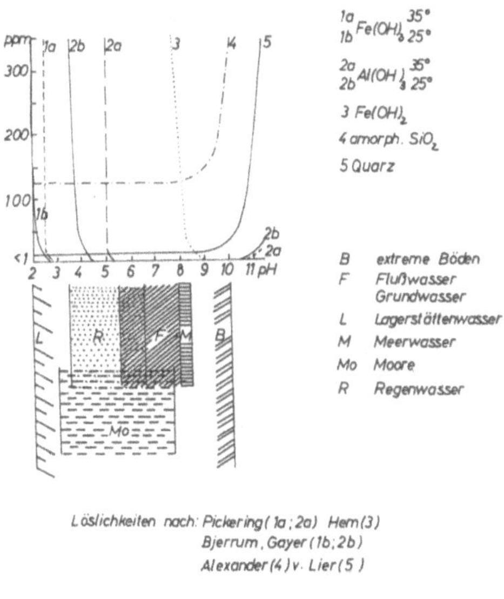

Abb. 16. Die Löslichkeit von Oxyden in Abhängigkeit vom p_H; p_H in verschiedenen Gewässern.

Im unteren Teil der Abb. 16 sind Bereiche häufig gemessener p_H-Werte in natürlichen Lösungen und Gewässern vereinfacht dargestellt. Am klarsten abgegrenzt ist der schmale p_H-Bereich um 8,2 des gut gepufferten Systems Meerwasser. Extrem hohe p_H-Werte werden durch die unter erhöhten Temperaturen und Zutritt von wenig Wasser ablaufende Silikatverwitterung bestimmter Klimazonen erreicht. Hohe Azidität entsteht durch Oxydation von Sulfiden und anschließende Ausfällung der Schwermetalle durch Hydrolyse.

Im oberen Diagramm der Abb. 16 sind Kurven der Löslichkeit von Fe $(OH)_3$, Al $(OH)_3$, Fe $(OH)_2$, amorphem SiO_2 und Quarz in Abhängigkeit vom p_H der Lösung dargestellt. Die Werte für die Kurven 1 b, 2 b, 3 und 5 sind berechnet worden. Die Kurven gelten für niedrige Ionenstärken. Für den Einfluß von Elektrolytgehalten auf die Löslichkeit von Quarz und von amorphem SiO_2 liegen einander widersprechende Angaben vor. Die Experimente sind wegen der langsamen Einstellung von Gleichgewichten z. T. sehr langwierig.

Für geologische Schlußfolgerungen sind u. a. folgende Befunde wichtig: Das unter normalen Sauerstoffgehalten der Gewässer vorliegende Fe^{3+} ist praktisch über p_H 3 unlöslich. Das Al ist sehr wenig löslich im mittleren p_H-Bereich von 5,5—10. Die Löslichkeit von SiO_2 ist nur im Gebiet alkalisch reagierender Wässer p_H-abhängig. Gegenüber kolloidalem SiO_2 als Bodenkörper können alle Lösungen mehr als 0,01 % SiO_2 enthalten.

Meerwasser enthält in der Tiefe 2,5—5 ppm Si, in Oberflächenschichten aber nur 0,05—2 ppm Si. Die Flüsse führen im allgemeinen mehr Si als das Ozeantiefenwasser. Davis (1964) gibt einen Mittelwert von 17 ppm Si für Flüsse an, Sugawara (1963): 8,1 ppm Si. Nach Eintritt der Flüsse in die Ozeane wird Si ausgefällt. Da der Si-Gehalt im Meerwasser geringer ist als er mit Quarz im Lösungsgleichgewicht sein könnte, muß die Ausfällung durch Reaktion oder Adsorption mit anderen Verbindungen oder durch physiologische Prozesse erfolgen. Die Unterschiede zwischen Oberflächen- und Tiefenwasser der Ozeane gehen wahrscheinlich auf den Si-Verbrauch von Organismen zurück (in äquatorialen Breiten: Radiolarien; in hohen Breiten: Diatomeen). Da das Meerwasser nicht an SiO_2 gesättigt ist, kann man sich eine anorganische Bildung von *Kieselsedimenten* (Kieselschiefern) aus normalem Meerwasser nicht vorstellen. Neben der Möglichkeit der organogenen Bildung derartiger spezieller Sedimente muß man mit der örtlichen Übersättigung durch Si-Zufuhren aus vulkanischen Prozessen rechnen.

Genaue Werte für die Löslichkeit des Aluminiumoxyds bzw. -hydroxyds lassen sich aus der Abbildung 16 nicht entnehmen. Flußwasser enthält im Mittel 0,3 ppm Al (Durum, Haffty [1963], Sugawara [1963]); diesen Gehalt kann man als Mindestwert der Löslichkeit im p_H-Bereich von 6—8 annehmen. Im Meerwasser ist die Al-Konzentration nur 1/300 der in Flußwasser (Sackett, Arrhenius [1962]). Harder hat kürzlich auf die geologische Bedeutung der Mitfällung von Si bei der Ausfällung von Aluminiumhydroxyd im p_H-Gradienten Flußwasser-Meerwasser hingewiesen, die man in der analytischen Chemie als störend oder nützlich empfindet. Die Bedeutung dieser Mitfällung zur synsedimentären Tonmineralbildung darf nicht überschätzt werden. Aus den oben genannten Daten sieht man, daß die Si-Zufuhr aus dem Flußwasser zum Ozeansediment mehr als zehnmal größer ist als die Al-Lieferung. Dieser Vergleich kann für eine Bilanz der *Tonmineralneubildung* als Anhalt dienen.

Der Vergleich der Löslichkeitskurven ist auch für die Vorstellungen über die Bildungsbedingungen von *Bauxitlagerstätten* wichtig. Im p_H-Bereich von 5,5 bis 9,5 ist das SiO_2 mehr als dreißigmal löslicher als das Al_2O_3 bzw. $Al(OH)_3$. Unter Bedingungen hoher Zersetzungsgeschwindigkeit von Silikaten(Klima) werden Al_2O_3 und Fe_2O_3 — ähnlich den vorher beschriebenen Verwitterungsprofilen — durch den Lösungstransport von SiO_2 relativ angereichert. Bei der Bildung von Bauxiten aus tonigen Kalkrückständen in Karsttaschen wird das p_H der dort zirkulierenden Wässer durch die Karbonatgleichgewichte mit dem Kohlendioxydgehalt der Luft kontrolliert. Der p_H-Wert muß bei 8,4 liegen.

Dementsprechend sind Metalle, deren Hydroxyde unter p_H 8 ausfallen, in diesen Bauxiten gegenüber Tonen ähnlich angereichert worden wie Al, Fe und Ti (z. B.: Cr, Pb, Ni, Zn, Cu). Viele Bauxite werden nicht, wie die südeuropäischen, auf Sedimentgesteinen, sonder in Eruptivgesteinskomplexen gebildet. Die bedeutendsten Bauxitvorkommen der Vereinigten Staaten entstehen durch Zersatz von Nephelinsyeniten. Die relative Eisenanreicherung entspricht, bezogen auf den Titangehalt und das Ausgangsgestein, nur etwa einem Viertel der Aluminiumanreicherung. Eisenverluste können nur durch reduzierende, etwas saurere Verwitterungslösungen hervorgerufen worden sein.

Die Schwierigkeit, die Bildung *mariner Eisenerzlagerstätten* zu erklären, ergibt sich ebenfalls aus den durch die Abb. 16 mitgeteilten Löslichkeitsdaten. Das Meerwasser ist mit $\leqq 0{,}007$ ppm Fe eine der eisenärmsten Lösungen von geologischer Bedeutung. Lösungstransport des Fe ist praktisch nur unter reduzierenden Bedingungen und in Abwesenheit von Sulfidionen möglich. Reduzierende Bedingungen herrschen nur in sehr speziellen Meeresbecken und -armen (Schwarzes Meer, norwegische Fjorde usw.). Dort wird aber Sulfidschwefel produziert. Diese Produktion muß von der Menge des reduzierten Eisens überboten werden, um Eisentransport zu ermöglichen.

Die Zusammensetzung der Gewässer

Drei Gruppen von Gewässern sollen in dieser Besprechung unterschieden werden: Regenwasser, Flußwasser und Meerwasser. Mittlere Gehalte an den in dieser Reihenfolge zunehmenden gelösten Komponenten sind in Tabelle 22 zusammengestellt worden.

Meinardus (1911) schätzte den *Wassergehalt der Atmosphäre* auf $1{,}2 \cdot 10^{13}$ t, gegenüber einer jährlichen Niederschlagsmenge von $4{,}7 \cdot 10^{14}$ t. Der in die Atmosphäre aufgenommene, vom Land oder Meer verdunstete Wasserdampf muß somit im Mittel nach 9 bis 10 Tagen auf die Erde oder in den Ozean als Niederschlag zurückkehren.

Das Wasser enthält neben dem häufigsten Isotop H im Mittel 0,014—0,015 % des schwereren Isotops $D = H^2$ und in sehr geringen Mengen das durch Höhenstrahlung produzierte radioaktive Isotop $T = H^3$. Im Nordatlantik ist das normale Verhältnis $T : H = 10^{-18}$ (Giletti, Bazan, Kulp [1958]). Dieser Gehalt verdoppelte sich im Jahre 1954. Durch die Neutronenemission von Atombombenversuchen entsteht aus dem N^{14} der Atmosphäre neben C^{12} Tritium. Der Wassergehalt der Luft wird mit einem radioaktiven Isotop (12,4 Jahre Halbwertszeit) indiziert. Begemann, Libby (1957) haben nach bestimmten Bombenversuchen den Kreislauf des indizierten Wassers verfolgt. Die mittlere Verweilzeit des Wasserdampfes betrug in der Stratosphäre der nördlichen Halbkugel 40 bis 50 Tage. 6—8 Monate nach einem Test enthielt der Regen im oberen Mississippital 50 % des Tritiums des Oberflächenwassers dieses Gebietes. Nach Tritiumanalysen bringt der Regen dort $^2/_3$ Ozeanwasser und $^1/_3$ kontinentales Oberflächenwasser aus der Verdunstung. Miyake und Matsuo (1962) machten eine entsprechende Bilanz mit Hilfe des Deuteriumgehaltes der Gewässer. Nach dieser Bilanz kommt im Mittel 50 % des Regenwassers direkt von den Ozeanen.

Einzelne Werte müssen örtlich je nach Lage zum Ozean, Hauptwindrichtung u. a. verschieden sein. Jedes zweite Wassermolekül, das durch den Regen auf den nordamerikanischen Kontinent fällt, ist nach 6 Jahren über die kontinentale Entwässerung wieder im Ozean. 3 % des Grundwassers im oberen Mississippital wird jährlich über die Flüsse und 3 % über Verdunstung und Wolken in die Ozeane zurückgegeben. Der Abfluß macht 36 % des Niederschlages aus.

Die Unterschiede zwischen den Bilanzen, die in den beiden vorigen Abschnitten mitgeteilt wurden, kann man wie folgt erklären: Das über den Ozeanen verdampfte Wasser regnet dort viel schneller wieder ab als es über die Kontinente zum Ozean zurückkehren kann. Die Hauptmenge des Regens muß über den Ozeanen fallen. Den $1{,}2 \cdot 10^{13}$ t Wasser in der Atmosphäre stehen die $5{,}1 \cdot 10^{14}$ t im Flußwasser und $1{,}4 \cdot 10^{18}$ t im Meerwasser gegenüber.

Das *Regenwasser* enthält im Mittel gelöste Bestandteile im ppm-Bereich, das Flußwasser im 10-ppm-Bereich und das Meerwasser in der Prozentgrößenordnung. Die mittlere Aufenthaltszeit des Wassers in der Atmosphäre und in den Flüssen liegt im Zeitraum von Monaten und Jahren, die Aufenthaltszeit in den Ozeanen im Zeitraum von zehntausend Jahren. In allen 3 Gewässerarten hält sich das Wasser während zyklischer Prozesse auf. Ein Teil der im Regenwasser, Flußwasser und Meerwasser gelösten Komponenten nimmt ebenfalls an Zyklen teil. Die mittlere Aufenthaltszeit eines Na-Atoms im Meerwasser ist allerdings sehr lang, aber kürzer als 1 Milliarde Jahre. Das Meerwasser bekommt eine ständige Zufuhr von Na in der Größenordnung von $2{,}9 \cdot 10^{9}$ t im Jahr durch die Flüsse. Verluste des Meerwassers an Na treten durch die Verstäubung des Gischtes im Wind auf. Dadurch findet ein Transport vom Ozean zum Kontinent statt. Andere Verluste liegen im Porenwasser der Sedimente und in der Bildung ozeaner Salzlagerstätten. Nach Conway (1942) stammt fast die Hälfte (3,3 von 5,8 ppm Na) des Natriumgehaltes der Flußwässer aus dem Regen und damit aus dem Ozean. Dieser Anteil ist also zyklisch. Wenn Regenwasser im Mittel aber nur 1,1 ppm Na enthält (Tabelle 22) und ein Drittel des Regenwassers den Flüssen zukommt (Rest: Verdunstung), ist der Korrekturwert von Conway für den zyklischen Anteil des Flußwassers wohl zu hoch. Er liegt eher bei 1,9 ppm als bei 3,3 ppm Na.

Aus dieser Diskussion für das Beispiel Na ist zu ersehen, daß die Gewässer ihre Gehalte an löslichen Substanzen aus verschiedenen Quellen beziehen. Das Regenwasser enthält die Bestandteile des Meerwassers nicht in dessen Proportionen. Wenn man annimmt, daß wenigstens der gesamte Chlorgehalt des Regenwassers aus der Gischtverstäubung des Meerwassers stammt, kann man die über Meerwasserproportionen hinausgehenden Gehalte der anderen Elemente im Regenwasser berechnen. Das Verhältnis der Konzentration im Meerwasser und im Regenwasser ist für Chlor 17 200. Alle Gehalte im Regenwasser, die über den durch 17 200 geteilten Meerwasserwert des betreffenden Elementes hinausgehen, entstammen anderen Prozessen. Für alle Elemente von Tabelle 22 zeigen die in Klammern in Spalte 1 angegebenen und von 1 abweichenden Werte an, daß sich das Regenwasser nicht nur in den absoluten Gehalten von Meerwasser unterscheidet. Es hat seine geringen aber spezifischen Verunreinigungen aus dem Staub vom Boden (Si, Ca, K, Mg, Na, HCO_3^-), durch Industriegase (SO_4^{2-}, HCO_3^-, H_2CO_3), durch Wechselwirkung mit der Atmosphäre (HCO_3^-, H_2CO_3) und durch bakterielle H_2S-Produktion an Meeresküsten (SO_4^{2-}) bekommen. Zur Verunreinigung durch Industriegase ist folgende Zahl interessant. Eine Kommission, die sich mit der Reinhaltung der Luft in Deutschland befaßte, schätzte für dieses Gebiet die SO_2-Emission im Jahre

Tabelle 22

in ppm	Regenwasser (300 Proben, Sugawara [1963] außer +)		Flußwasser (Clarke [1924])		Meerwasser
Na	1,1	(1,8)	5,8	[2,5]	10560
K	0,26	(12)	2,1		380
Ca	0,97	(42)	20		400
Mg	0,36	(4,9)	3,4		1270
Cl	1,1	(1)	5,7	[0,6]	18980
SO_4^{2-}	4,2	(27)	12	[11]	2650
$HCO^-_3 + H_2CO_3$	1,2+	(157)	35		140
Si	0,83	(4700)	8,1 (43 Pr. Sugawara)		0,05—2 Oberfläche 2,5—5 Tiefenwasser

( ) Anreicherung gegenüber Meerwasser-Cl [ ] korrigiert nach Conway (1942)

1962 auf etwa $4 \cdot 10^6$ t. Diese Menge entspricht mindestens dem in Tabelle 22 angegebenen mittleren SO_2-Gehalt des Regens.

Außer den genannten Bestandteilen des Regenwassers ist der Sauerstoffgehalt wichtig. Schon Bunsen hatte festgestellt, daß sich der Sauerstoff gegenüber Stickstoff — verglichen mit der Luftzusammensetzung — um mehr als 10 % des Gasanteils anreichert. Der Sauerstoffgehalt liegt bei 10^{-3} Gew.-%.

Das *Flußwasser* hat seine gegenüber dem Regenwasser erhöhten Gehalte an löslichen Substanzen aus der chemischen Verwitterung der Gesteine. Die Proportionen in Spalte 2 von Tabelle 22 sind charakteristisch für Gebiete mit der vorwiegenden Verwitterung von Sedimentgesteinen. Nach Clarke's (1924) Daten enthält das Flußwasser aus Eruptivgesteinsarealen 18 % mehr Na, 3 % mehr K und 20 % weniger Ca als das Mittel der Flußwässer. Mit der Veränderung des Einzugsgebietes der Flüsse von Eruptiv- zu Sedimentgesteinen verdreifacht sich die Menge des Lösungstransportes. Nach der Besprechung der Verwitterungsprofile war zu erwarten, daß die Verwitterungslösungen den Gewässern vor allem Ca, Na, aber auch Mg und K zuführen. K kann durch Adsorption, Mg durch Chloritneubildung bei tiefen Temperaturen fixiert werden. In dem Kapitel über magmatogene Gasförderung war beschrieben worden, daß z. B. für die Bindung des bei der Verwitterung silikatischer Minerale freiwerdende Ca eine ständige Nachlieferung von CO_2 aus magmatischen Prozessen notwendig ist.

Wenn sich in Trockengebieten aus dem Lösungsinhalt von Flußwasser terrestre Salze abscheiden, muß sich deren Stoffbestand erheblich von marinen Salzlagerstätten unterscheiden.

Zur Analyse der Entstehungsbedingungen bestimmter Ablagerungen, z. B. im marinen oder limnischen Faziesbereich, ist ein Vergleich von Fluß- und Meerwasser in Haupt- und Nebenbestandteilen notwendig.

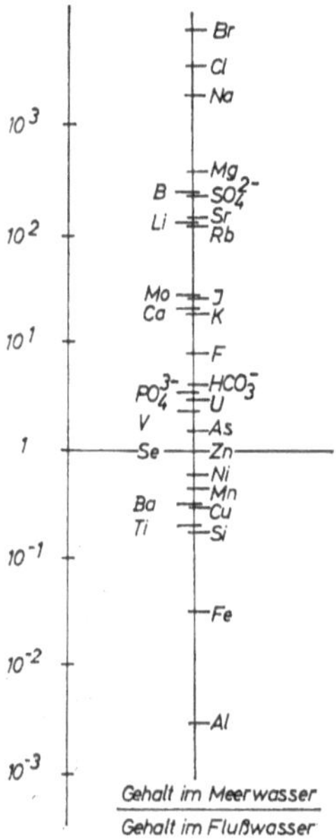

Abb. 17. Der Vergleich von Fluß- und Meerwasser für Bestandteile, die im Meerwasser > 1 γ/l vorkommen.

Für diesen Vergleich eignet sich die anschauliche Darstellung der Abb. 17. Es sind für die Berechnung des Konzentrationsquotienten nur Elemente berücksichtigt worden, die im Meerwasser in Gehalten von mehr als 10^{-7} % = γ/Liter vorkommen. Die Benutzung der für das *Meerwasser* spezifischen Bestandteile Rb, B, S, Cl, Br und F als Faziesindikatoren wird später diskutiert werden. Eine Reihe von Elementen kommt in Fluß- und Meerwasser in etwa gleichen Konzentrationen vor. Die Gehalte sind sehr niedrig und die Möglichkeit zur Einstellung der für sie ausschlaggebenden Adsorptions- oder Lösungsgleichgewichte ist offenbar überall gegeben.

Selbst niedrige Gehalte von 10^{-7} % können geologisch bedeutend werden, wenn örtlich im Meerwasser Reaktionen zu noch weniger löslichen Verbindungen führen (z. B. Sulfidfällung). Deshalb sind in Tabelle 23 die Gehalte an Nebenbestandteilen im Meerwasser — hauptsächlich nach der kritischen Auswahl von Goldberg (1957) — aufgeführt worden. Bei der großen Masse des Meerwassers entspricht z. B. die in den

Ozeanen vorhandene Menge Zn und Cu der Größenordnung von 10^{10} t, das ist mehr als die zehnfache Masse in bekannten nutzbaren Lagerstätten.

Die Ozeane mit ihrer Flächenbedeckung von $^2/_3$ der Erde sind die großen Sammelbecken für die in Lösung transportierten Produkte der kontinentalen Verwitterung. Die Hauptmenge des mechanisch in den Flüssen transportierten Detritus wird an den Kontinenträndern abgelagert. 7 % der Ozeanfläche gehört bei einer Wassertiefe von weniger als 200 m zum Flachseebereich. Eine Übergangszone mit Wassertiefen von 200 bis 2400 m macht 13 % der Gesamtfläche aus. Das Wasservolumen der Ozeane beträgt $1{,}37 \cdot 10^9$ km^3. Die mittlere Temperatur liegt nahe 5 °C. Nach Goldschmidts Berechnung kommen bei gleichmäßiger Verteilung 278,1 kg Meerwasser, 4,5 kg Eis und 0,1 kg Süßwasser auf den Quadratzentimeter Erdoberfläche.

Wie bereits früher beschrieben wurde, stammen außer dem Wasser die Anionen Cl^-, HCO_3^- und SO_4^{2-} in Meerwasser und Sedimentgesteinen aus der Entgasung von Erdkruste und -mantel. Die aus der Silikatverwitterung kommenden Kationen entsprechen bis auf 3—5 % dem Äquivalent der durch einen ganz anderen geologischen Prozeß gelieferten Anionen. Die beiden verschiedenen Prozesse sind aber nicht völlig unabhängig voneinander. Die Geschwindigkeit der Silikatverwitterung ist von der Azidität der Verwitterungslösungen und der Temperatur abhängig. Die Lufttemperatur ist wiederum eine Funktion der Absorption der Sonneneinstrahlung im langwelligen Strahlungsbereich; und diese hängt vom Kohlendioxydgehalt der Luft ab.

Die mittlere Zusammensetzung des Meerwassers war in Tabelle 22 mit einer Salinität von 35 ‰ angegeben worden. Die relativen Gehalte der gelösten Komponenten sind trotz unterschiedlicher Salzkonzentrationen in verschiedenen Ozeanbecken konstant. Clarke hat die den Ozeanen jährlich durch die Flüsse

Tabelle 23

Nebenbestandteile des Meerwassers in ppm = mg/Liter nach Goldberg (1957) (bis auf die mit x bezeichneten, meist neueren Werte)

Br	65	Zr x	0,004	Ag	0,0003
Sr	8,0	Mn x	0,004	Ne	0,0003
B	4,8	U	0,003	Sn x	0,00018
Si	3,0	As	0,003	Cd	0,00011
F	1,3	Cu x	0,002	Se x	0,0001
N	0,5	V	0,002	W	0,0001
Li	0,2	Al x	0,001	Ge	< 0,0001
Rb	0,12	Ti	0,001	Cr	0,00005
P	0,07	Th	0,0007	He	0,00005
J	0,05	Co	0,0005	Sc	0,00004
Ba x	0,013	Ga	0,0005	Hg	0,00003
In	< 0,02	Sb	< 0,0005	Bi x	0,00002
Mo x	0,013	Ce	0,0004	Tl	< 0,00001
Zn	0,01	Y	0,0003	Au	0,000004
Fe x	0,007	Pb x	< 0,0003	Ra	$3 \cdot 10^{-11}$
Ni x	0,005	Cs x	0,0003	Ru	$9 \cdot 10^{-15}$
		La	0,0003		

zugeführte Menge an gelösten Substanzen auf $4{,}1 \cdot 10^8$ t geschätzt. Die Abschätzung des Alters der Ozeane aus dieser Zahl und den bekannten gelösten Mengen im Meerwasser ist nicht möglich, weil die Meeresbestandteile an zyklischen Prozessen beteiligt sind. Die Gesamtmenge des Wassers hat sich im Verlauf der Erdgeschichte durch die magmatogene Entgasung vergrößert.

Grobklastische Sedimente und -Sedimentgesteine

Die vorigen Kapitel haben einen Überblick über den Verlauf der chemischen Verwitterung vermittelt. Aus dem Vergleich der 3 Spalten von Tabelle 21 ergibt sich eine Stoffverschiebung von spezifisch magmatischen (und metamorphen) zu spezifisch sedimentären Mineralen, zu Neubildungen während der Verwitterung und der Diagenese. Bei feinkörnigen Sedimenten, die keine mikroskopische Untersuchung des einzelnen Korns ermöglichen, ist es schwer, zwischen Verwitterungsrückständen und -neubildungen zu unterscheiden.

Eines der verwitterungsbeständigsten Minerale ist der Quarz wegen seiner mechanischen Eigenschaften (mangelnde Spaltbarkeit, relativ große Härte) und geringen Löslichkeit in den meisten Verwitterungslösungen (Abb. 16). Kuenen (1960) hat versucht, sich im Experiment eine Vorstellung über den Zusammenhang zwischen Transportweite und Rundungsgrad des Quarzes im Strömungskanal zu machen. Ein Vergleich zwischen vereinfachendem Experiment und natürlicher Beanspruchung ist nur bedingt möglich. Die Größenordnung des Transportweges bis zur völligen Rundung des „idiomorphen" Quarzkornes beträgt danach mehrere Erdumkreisungen. Der Zustand der Quarzkörner in Sanden und Sandsteinen spricht dafür, daß sie in der Mehrzahl wiederholte

Aufarbeitungs- und Ablagerungsprozesse durchlaufen haben. Der Quarz hat in magmatischen Gesteinen Korngrößen im Bereich von zehntel Millimetern bis zu Millimetern. Das Transportmedium Wasser führt zu einer Aufbereitung des Verwitterungsmaterials nach der Korngröße. Es ist nach der primären Korngröße des Quarz verständlich, daß dieses Mineral bei der Aufbereitung in der psammitischen Fraktion zwischen 2 und 0,02 mm Durchmesser gesammelt wird. Die Kornklasse der *Sande und Sandsteine* enthält je nach Beanspruchung der mechanisch und chemisch weniger widerstandsfähigen Mineralarten zusätzlich zu dem Quarzgehalt vor allem Alkali-Feldspäte, Glimmer, Chlorit und Gesteinsbruchstücke. Die Stoffsonderung nach der Korngröße macht sich besonders bemerkbar im Unterschied zwischen Flachsee- und Tiefseeablagerungen. In der Tiefsee sind Quarzsande außerordentlich selten. Es ist zweckmäßig, Psammite mit Feldspatgehalten von mehr als 25 % als Arkosen von den reineren Quarz-Sandsteinen zu unterscheiden. Bei den Grauwacken ist die Aufbereitung zu den widerstandsfähigsten Mineralen noch weniger fortgeschritten als bei den Arkosen. Sie enthalten neben mehr als 25 % Feldspat über 25 % Phyllosilikate, vor allem Chlorit und dioktaedrische Glimmer. Die chemische Zusammensetzung von Grauwakken kommt oft dem Mittel der magmatischen Gesteine nahe. — (Tabelle 21)

Es hat nur einen begrenzten Wert, Mittel für die Mineralzusammensetzung aller Sandsteine anzugeben, da die relative Häufigkeit von Sandsteinen, Arkosen und Grauwacken nicht sehr gut bekannt ist. Nach den Ermittlungen von Krynine (1948) haben Grauwacken 45 %, Arkosen 33 % und quarzreiche Sandsteine 23 % Anteil an den psammitischen Gesteinen. Pettijohn (1963), Middleton (1960) und Tallman (1949) schätzten die Häufigkeit der Grauwacken ähnlich hoch, aber die der Arkosen niedriger. Clarke

(1924) und Krynine (1948) gaben den mittleren Quarzgehalt aller Sandsteine mit 67 % bzw. 65 % an; den der Feldspäte haben beide Autoren auf rund 12 % geschätzt; der Rest besteht vor allem aus Glimmer und Chlorit.

Karbonate sind oft am Bindemittel der Sandsteine beteiligt. Für die rote Färbung von Sandsteinen können niedrige Gehalte an Fe_2O_3 oder FeOOH verantwortlich sein, die sich auf Kornoberflächen oder im Bindemittel abgesetzt haben. Durch die während der Sedimentation eingelagerten organischen Substanzen wird dieses Eisen u. U. diagenetisch reduziert und in Porenlösungen forttransportiert. Entsprechende Ausbleichungszonen brauchen nicht der Schichtung zu folgen. Ausgebleichte Sandsteine sind weiß oder durch ihre Glimmergehalte grün gefärbt. Die oben erwähnten Eisenoxydhäutchen auf den Quarzoberflächen können Schwermetalle wie V, Cu, Zn, Cr, Mo, Co u. a. proportional zum Eisengehalt binden (Adsorptionswirkung von gefälltem Eisenhydroxyd). Bei der Reduktion werden diese Metalle mobilisiert.

Da der Quarz in seinem Gitter Nebenbestandteile nur in kleinen Mengen aufnimmt (z. B. $\lesssim$ 0,01 % Al, Ti, Fe, Na, Mg) sind Quarz-reiche Sandsteine chemisch sehr einförmig zusammengesetzt. Die Elemente Zr, Hf und Seltene Erden sind meist die einzigen, die in Sandsteinen in höheren Konzentrationen vorkommen als im Mittel der Tonschiefer. Diese Gehalte sind an spezifisch detritische Minerale wie Zirkon und Monazit gebunden. Auch der Phosphor-, Schwefel- und Titangehalt findet sich in Akzessorien (Apatit, Pyrit, Rutil, Titanit und Ilmenit). Als detritische Minerale, die in spezifischen Gesellschaften Hinweise auf Einzugsgebiete und Transportwege geben können, sind ferner Amphibole, Pyroxene, Andalusite, Disthene, Staurolithe, Turmaline, Epidote, Granate, Magnetite und Chromite zu erwähnen.

Tone und Tonschiefer

Die Hauptmenge der Verwitterungsprodukte sammelt sich nach dem aufbereitenden Transport durch das Wasser in der Korngrößenklasse der Tone mit Korndurchmessern $< 20\,\mu$. Verwitterung und Transport haben zu einer mechanischen und chemischen Differenzierung geführt. Die unterschiedliche Widerstandsfähigkeit und der Gradient abnehmender Transportkraft des Wassers sind die Ursache zur getrennten Ablagerung der verschiedenen Korngrößenklassen, z. B. der Sande und Tone. Ein Beweis für die gleichzeitige chemische Aufbereitung der Verwitterungsprodukte sind die im Flußwasser gelösten Substanzen.

Der Vergleich von Grauwacken und Tonschiefern mit dem mittleren Mineralbestand von magmatischen Gesteinen (Tab. 21) zeigt Stoffverschiebungen vor allem von Feldspäten zu Glimmern. Biotit ist das häufigste Glimmermineral der magmatischen Gesteine, Muskowit bzw. dioktaedrischer Illit das der Sedimentgesteine. Es ist die Frage, ob man aus diesem Befund auf eine Neubildung aller Glimmer im Sediment schließen kann. Bisher war allerdings nur von magmatischen Gesteinen als Ausgangsprodukten der Verwitterung die Rede. Diese Vereinfachung berücksichtigt die metamorphen Gesteine nicht, deren Minerale im Druck-Temperaturbereich zwischen den magmatischen und sedimentären Bildungen entstanden sind. Quarz, Muskowite, Chlorite, Feldspäte sind häufige und verwitterungsbeständige Minerale der metamorphen Gesteine. Gehalte von je 10—20 % Chlorit und Glimmer in den Grauwacken berechtigen dazu, auch für die Tone wenigstens zum Teil eine detritische Herkunft dieser Minerale aus metamorphen Gesteinen anzunehmen. Butler (1954) fand im Oslogebiet als Verwitterungsprodukt von Glimmerschiefern nahezu monomineralische Illit-Tone.

Für viele Fragen der Geochemie der Tone sollte man wissen, ob diese vorwiegend aus detritischen oder syngenetischen Mineralen bestehen. Eine Anpassung an die Ablagerungsfazies ist nur bei Tonsubstanz mit reaktionsfähigen Anteilen von Mineralneubildungen zu erwarten. Chemische Hinweise auf das Ausgangsmaterial und Einzugsgebiet des Sediments bekommt man dagegen nur aus den umgelagerten Verwitterungsrückständen.

Leider entzieht sich die Hauptmenge der Tonminerale der optischen Untersuchung einzelner Körner auf mechanische Rundung, Heterogenität und spezifische Verwachsungen als Kriterien detritischer Abkunft. Wachstumsflächen, Homogenität (in Einzelindividuen sowie innerhalb einer Mineralart) und Tieftemperatureigenschaften können als Kriterien von diagenetischer Neubildung ebenfalls nicht beobachtet werden.

Der in Tabelle 21 angeführte Mineralbestand von Tonen und Tonschiefern beruht hauptsächlich auf Literaturdaten und einer größeren Anzahl eigener röntgenographischer Bestimmungen von Tongesteinen paläozoischen und mesozoischen Alters. Die quantitative Röntgenanalyse von Tonmineralen ist wegen der unterschiedlichen Korngrößen und der Heterogenität im Feinbau der Minerale (regelmäßige und unregelmäßige Wechsellagerungen, Polymorphie u. a.) ungenau. Es empfiehlt sich eine Überprüfung durch Vergleich der chemischen Daten von Konzentraten eines Tonminerals mit denen von Tonen (Tabelle 24). Tonmineralkonzentrate sind außergewöhnliche Bildungen. Deshalb braucht ihre Zusammensetzung nicht der in den natürlichen Mischungen von Tonen zu entsprechen. Bei den Chloriten mit ihren Möglichkeiten des isomorphen Ersatzes von Hauptbestandteilen ist es nur sinnvoll, die Größenordnungen der Variationsbreite anzugeben. Für Tabelle 24 sind Werte für nichtsedimentäre Chlorite von Philipps (1963) benutzt worden. Da Analysen von Feldspäten aus Tonen nicht vor-

Tabelle 24

	Illite nach Jasmund (1955) Weaver (1953) (1965) Niemann (1960)	Kaolinite (10) nach Ross u. Kerr (1930)	Chlorite, Variationsbreite versch. Typen aus magmat. und metam. Gesteinen (21) n. Phillips (1963)	Albit (Report US. N.B.S. Probe 99)	Durchschnitt Tone, Tonschiefer (277 Proben)	Durchschnitt Tone, Tonschiefer nach Abzug von 20 % Quarzgehalt
SiO_2	49,0	44,6	24—38	68,7	58,9	48,7
TiO_2	0,9+	1,2+	< 0,1—1,5	0,02	0,8	1,0
Al_2O_3	26,0	38,9	9—26	19,06	16,7	20,8
Fe_2O_3	4,6	0,9	0,5—20	0,07	2,8	3,5
FeO	1,0		< 0,1—33	n. b.	3,7	4,6
MnO	0,06	0,0X	— 1	0,00	0,1	0,1
MgO	3,0	0,2	5—38	0,05	2,6	3,3
CaO	0,3	0,3	< 1	0,36	2,2	2,8
Na_2O	0,3	0,8	n. b.	10,73	1,6	2,0
K_2O	8,5	0,1	n. b.	0,41	3,6	4,5
H_2O^+	8,0	13,9	9—15		5,0	6,3

+ korrigiert nach Mc Laughlin (1959) (1958) und anderen

liegen, werden in der 4. Spalte die Werte eines Albits angegeben. Die Untersuchung einzelner Tonminerale mit der Elektronen-Mikrosonde wird unsere Kenntnisse über die Tonzusammensetzung erheblich verbessern.

Die *Glimmer* sind in den Tonen durch unvollständige dioktaedrische Strukturen vertreten. Da die zweidimensional unendliche Vernetzung von SiO_4-Tetraedern keine Kationen-Positionen innerhalb der $[Si_2O_5]$-Schichten zuläßt, besetzen die Kationen gesonderte Netzebenen aus $[Al_2O_4(OH)_2]_x$-Oktaedern. Die Sauerstoffionen dieser Oktaeder gehören gleichzeitig zu zwei $[Si_2O_5]_{2x}$-Schichten oberhalb und unterhalb der Oktaederschicht. Bei Al^{3+} als Zentralatom der Koordinationspolyeder spricht man von dioktaedrischen Glimmern. Die trioktaedrischen Strukturen enthalten an Stelle der zwei dreiwertigen Ionen drei zweiwertige. Als Beispiele trioktaedrischer Glimmer können die in Sedimenten wegen der Instabilität in sauerstoffhaltigem Wasser seltenen Biotite und die unter reduzierenden Bedingungen syngenetischen Glaukonite genannt werden. Die Schichtpakete aus einer Oktaeder- und zwei Tetraeder-Netzebenen entsprechen der Montmorillonit-Struktur. In den Glimmern ist jeweils jedes vierte Si-Ion durch ein Aluminium-Ion ersetzt, so daß eine Schicht aus K-Ionen je zwei der beschriebenen Schichtpakete elektrostatisch zusammenhält. Die Untersuchungen der letzten Jahre haben gezeigt, daß es mehrere monokline und trikline Glimmer-Modifikationen gibt, bei denen die Elementarzelle aus einer, zwei oder drei Schichtpaketen aufgebaut ist. Yoder und Eugster (1955) fanden in synthetischen Tieftemperatur-Muskowiten Strukturen mit Identitätsperioden von einem Schichtpaket (1 M). Bei höherer Temperatur bildeten sich die polymorphen Formen 2 M, 3 T usw. Sie schlossen von dem experimentellen Befund und dem Vorkommen von 1 M-Glimmern in Tonen auf die Neubildung von Glimmern im Temperaturbereich von Sedimentation und Diagenese. Velde und Hower (1963) beobachteten an 75 Proben paläozoischer Sedimentgesteine aus Nordamerika, daß 1 Md- und 2 M-Glimmer die häufigsten Typen sind; die wahrscheinlich metastabile Form 1 Md herrscht in Fraktionen $< 1\ \mu$ Durchmesser vor. Reine Muskowite haben H_2O-Gehalte von 4,5 %, K_2O-Gehalte von 11,8 %, Al_2O_3-Gehalte von 38,4 und SiO_2-Gehalte von 40,3 %. Illite sind unvollständige Muskowite mit häufigen Kaliumwerten von 8,5 % (Walker [1963], Weaver [1965]). Die geringeren Kaliumgehalte werden wahrscheinlich zum Teil durch H_3O^+, zum Teil durch geringere Aluminiumgehalte bei höheren Siliziumwerten bis zur elektrostatischen Stabilität kompensiert.

Das Vorkommen und die Gehalte von *Chloriten* in Tonen und Tonschiefern sind lange Zeit unterschätzt worden. Die am einfachsten aufgebauten Chlorite kann man sich aus Talk- und Brucitschichten wechselseitig zusammengesetzt denken: $Mg_3(OH)_6\,Mg_3\,Si_4O_{10}\,(OH)_2$. Nun beobachtet man aber stets einen Gehalt dreiwertiger Ionen in diesen Mineralen. Ein Teil des Si der Tetraederschichten ist durch Al ersetzt. Die dadurch negative Ladung der Talkschichten wird durch eine positive Ladung der Brucit-Schichten kompensiert (Brindley 1951), wodurch die Stabilität der Struktur bedingt ist, z. B.: $Mg_2Al\,(OH)_6\,Mg_3AlSi_3O_{10}\,(OH)_2$. Bekanntlich kann in die Position von Mg^{2+} das Fe^{2+} (Mn^{2+}) und in die des Al^{3+} das Fe^{3+} (Ti^{4+}, Cr^{3+}) eintreten. In den Untersuchungen der letzten Jahre sind aber auch sehr Al-reiche dioktaedrische Chlorite gefunden worden. Chemische und mineralogische Untersuchungen an sedimentären Chloriten sind selten, weil man entsprechende Konzentrate nur in wenigen Fällen aus Sedimentgesteinen isolieren konnte. Chemische Analysen dieser durch mannigfaltigen isomorphen Ersatz gekennzeichneten Strukturen liegen also fast ausschließlich von metamorphen oder magma-

Tabelle 25. Kationen in Chloriten

	Al^{3+}	Fe^{3+}	Mg^{2+}	Fe^{2+}
Glimmerschiefer (19)	2,2—3,1 (2,8)	0,1—0,4 (0,25)	1,1—4,0	0,5—3,3
Grünschiefer (14)	2,1—2,9 (2,6)	0,1—0,8 (0,27)	2,3—4,4	0,4—2,3
Gebänderte Eisenerze (7)	2,2—3,0 (2,7)	0,1—1,1 (0,55)	0,4—1,6	2,4—4,1
Metam. Karbonatgesteine (10)	1,7—2,7 (2,2)	—0,2 (0,1)	3,7—5,2	—0,7
Erzlagerstätten (8)	1,6—3,0 (2,4)	0,1—0,8 (0,3)	0,9—4,8	0,2—3,8
Hohlraumfüllg. in basalt.-gabbroid. Gesteinen (11)	1,6—2,4 (1,9)	0,1—1,1 (0,5)	0,8—4,5	0,3—2,9
Sedimente (Salzton) Niemann (1960)	1,6—2,4 (1,9)	0,2—0,5 (0,3)	4,5—4,9	0,2—0,3

tischen Bildungen vor. Für Chlorite aus derartigen Gesteinen wurde von Albee (1962) folgende spezifische Kationenbesetzung der 10 Positionen der Formeleinheit (6 mit oktaedrischer und 4 mit tetraedrischer Umgebung) beschrieben:

Mit Ausnahme der Vorkommen in gebänderten Eisenerzen sind die chemischen Unterschiede zwischen häufigen Chloriten nicht so groß wie sie die Variationsbreite der extremen Typen (Spalte 3 in Tabelle 24) zuläßt. Mittleren MgO-Gehalten in Tonen und Tonschiefern von fast 3 % stehen häufige MgO-Werte von Chloriten bei 30 % gegenüber. Dieses Verhältnis läßt auf durchschnittliche Anteile von 10 % Chlorit an pelitischen Sedimenten schließen. Demnach ist entweder die Schätzung von Tabelle 21 zu hoch oder die in der unteren Reihe von Tabelle 25 zitierten Chlorite aus Salztonen sind nicht repräsentativ für Mg-ärmere, Al-reichere Sedimentgesteine.

Kaolinite $[Al_2Si_2O_5(OH)_4]$ sind aus einer $[Si_2O_5]_x$- und einer $[Al_2O_2(OH)_4]_x$-Schicht aufgebaut. $[O_2]_x$ ist beiden Schichten gemeinsam. Bei der Beschreibung von Verwitterungsprofilen und Laterithorizonten waren sie als Verwitterungsneubildungen erwähnt worden. Im allgemeinen haben Tone niedrigere Kaolinitgehalte als 5—10 %.

Nach der in Tabelle 24 angeführten Analyse eines Albits muß man den mittleren Na_2O-Wert von Tonen auf 15 % Albit umrechnen. Dieser relativ hohe Gehalt stimmt mit 2 anderen unabhängigen Befunden überein. Die röntgenographische Analyse läßt auf rund 15 % *Feldspat* in Tonen schließen. Die entsprechenden Reflexe des Na-reichen Plagioklas sind dabei häufig stärker als die des Kalifeldspats. Der Natriumgehalt der Tone kann neben dem Feldspat auch im NaCl der Porenlösungen vorliegen. Zahlreiche Tonschiefer, die zur Röntgenanalyse und zur Natriumbestimmung benutzt wurden, enthalten nicht mehr als 0,01 % Cl. In Verwitterungsprofilen ist der Kalifeldspat im allgemeinen beständiger als der Plagioklas. Das Vorherrschen von Plagioklas in Tonen läßt sich vielleicht auf diagenetische Neubildungen zurückführen. Die autigene Albitbildung ist bisher hauptsächlich von Karbonatgesteinen beschrieben worden (Füchtbauer [1956] u. a.).

Der *Quarz* in Tonen wird weitgehend detritischer Herkunft sein. Selbst Tiefseesedimente enthalten oft 10—15 % Quarz, dessen Windtransport sich bis zu großen Küstenentfernungen nachweisen läßt. Für die letzte Spalte von Tabelle 24 sind die Mittelwerte der Tonanalysen umgerechnet nach Abzug von 20 % Quarz. Bis auf einen Kalzitanteil von 5—6 %, die hohen Eisengehalte der Tone und die vorher genannten Einschränkungen stimmen diese Werte einigermaßen mit einer nach den Angaben von Tabelle 24 und 21 berechneten Zusammensetzung der Tone überein.

Die *Eisengehalte* der Tone liegen wahrscheinlich großenteils in Verwachsungen von Tonmineralen und Eisenoxyden vor. Mit Ausnahme des Chlorits sind für kein häufiges Tonmineral Gehalte von > 5 % Fe_2O_3 und FeO kristallchemisch zu erwarten. Die Eisengehalte von Tonsuspensionen lassen sich unter reduzierenden Bedingungen ziemlich schnell in Lösung bringen. Zur diagenetischen Eisensulfidbildung wird in vielen Sedimenten die Hälfte ihres Eisengehaltes verbraucht, ohne daß die anderen Minerale dabei Zersetzungserscheinungen zeigen.

Die wichtige Frage nach dem *detritischen Anteil der Tone* ist kürzlich weitgehend aufgeklärt worden. Die Neubildung von Glimmermineralen im Sediment ist u. a. aus Bilanzüberlegungen (Vergleich der häufigen magmatischen und sedimentären Minerale) überschätzt worden. Hurley und Mitarbeiter (1958—1964) konnten in mehreren Arbeiten zeigen, daß sowohl rezente Tiefsee- und Flußsedimente wie auch tertiäre, mesozoische und paläozoische Tonschiefer K-Ar-Alter haben, die weit über ihr Ablagerungsalter hinausgehen. So sind die Glimmer rezenter Tiefseetone großenteils paläozoischen Alters, haben also eine Geschichte von Umlagerungen hinter sich. Die geringsten Alter zeigen jeweils die Fraktionen kleinster Korngrößen. Diese bestehen vielfach aus Glimmern der Md-Modifikation, können also evtl. Neubildungen sein. Bei der Deutung der Abhängigkeit des K-Ar-Alters von der Mineralgröße muß man berücksichtigen, daß kleine Korngrößen am anfälligsten für Argonverluste sind.

Die regionale Untersuchung der Tonminerale im Atlantik hat gezeigt, daß die Tonmineralgesellschaft am Ozeanboden wesentlich vom spezifischen Detritus der benachbarten kontinentalen Abtragungsgebiete bestimmt wird (Goldberg, Griffin [1964], Biscaye [1964]). Die niedrigen Breiten sind reicher an Kaolinit, die höheren an Illit. Chlorit befindet sich bevorzugt in höheren Breiten vor dem nord- und dem südamerikanischen Kontinentteil.

Hinweise auf die *diagenetische Tonmineralbildung* beziehen sich hauptsächlich auf die Chlorite. So fanden Füchtbauer, Goldschmidt (1959) in den Karbonaten des nordwestdeutschen Zechsteins vorwiegend Illit und in den Tonen der gleichen Formation ein Illit-Chlorit-Verhältnis von 1. In beiden Gesteinsarten war die Korngrößenverteilung detritischer Quarze etwa gleich und ließ auf ähnliche Herkunft der Verwitterungsrückstände schließen; der zusätzliche Chloritgehalt der Tone kann demnach neugebildet worden sein. Niemann (1960) fand im Profil von Zechstein-Salztonen einen graduellen Anstieg im Mg/Fe^{2+}-Verhältnis der Chlorite von älteren zu jüngeren Schichten. Eine solche Regelmäßigkeit sollte man in detritischem Material kaum erwarten.

Johns (1963) untersuchte die in einem Salinitätsgradienten von 1 bis 21 ‰ vom Guadalupe-Fluß bis zum Golf von Mexico abgelagerten Sedimente auf Mineralart und Chlorgehalt. In der Fraktion $< 2\,\mu$ Durchmesser entsprach ein Anstieg des Gehalts und der Stabilität von Chlorit-Wechsellagerungsmineralen auf Kosten des Montmorillonit-Anteils der zunehmenden Salinität des Ablagerungsmilieus. Johns deutete die Röntgendaten als schrittweise Aufnahme von $Mg(OH)_2$ in das Montmorillonitgitter, in dem dadurch eine Wechsellagerung von Chlorit- und Montmorillonitschichten entstand. Mit dem Chloritanteil war eine Zunahme des Gehaltes an nichtauswaschbarem Chlor verbunden. Der Chlorgehalt in der Struktur des reinen Chlorits ließ sich auf 1000 ppm extrapolieren. Derselbe Autor schüttelte eine Tonsuspension mit Chlorit und Illit in 1 n $MgCl_2$-Lösung. Nach dem 6 Monate dauernden Experiment ließ sich keine Chloraufnahme des Chlorits nachweisen.

Die Tonminerale und die mit ihnen verwachsenen Eisenoxyde haben nach Struktur und Oberfläche unterschiedliche *Adsorptionseigenschaften*. Der reversible Prozeß des *Ionenaustausches* hängt von der Mineralstruktur und der chemischen Zusammensetzung der Lösung ab, mit der das Tonmineral in Berührung steht. Die Restladung eines Tonminerals konkurriert dabei mit der Bindung der Hydrathülle eines Ions. Im allgemeinen ist der Ladungsüberschuß an den Grenzflächen des Minerals negativ und zieht Kationen aus der Lösung an. Die Ionenaustauschkapazität wird in chemischen Äquivalenten von Basen gemessen, die bei p_H 7 gebunden werden. Jede Tonmineralart hat einen Bereich von Austauschkapazitäten wegen der Unterschiede in Struktur und chemischer Zusammensetzung der Minerale einer Art. Von den bisher erwähnten Tonmineralen hat Montmorillonit mit 70—100 Milliäquivalenten / 100 g die größte und Kaolinit mit 3 bis 15 Milliäquivalenten/100 g die niedrigste Austauschkapazität. Illit und Chlorit nehmen mit 10—40 Einheiten eine Mittelstellung ein. Die gegenseitige Austauschbarkeit der Kationen hängt von der Ladungsdichte und relativen Konzentration ab. Im allgemeinen ist Rb schlechter austauschbar als Kalium und dieses schlechter als Natrium, weil die Ladungsdichte von Natrium von diesen 3 Beispielen am größten ist. Durch eine große Ladungsdichte ist die Hydrathülle in der Lösung entsprechend fest gebunden. Zur Adsorption an die Tonmineraloberfläche ist aber das teilweise Abstreifen der Hydrathülle nötig. In kalkhaltigen Tonen tritt das Ca^{2+}-Ion, in kalkfreien das Wasserstoffion als austauschbares Kation auf.

In Gewässern mit ihrer relativ homogenen Zusammensetzung stellen sich zwischen suspendierten Teilchen und einer Reihe von gelösten Komponenten *Adsorptionsgleichgewichte* ein. Diese Gleichgewichte sind vor allem von der Temperatur, dem p_H und der Art der Tonminerale abhängig. Sie regulieren z. T. die Spurenmetallgehalte der Gewässer und bestimmen die Konzentration bestimmter Elemente in den suspendiert transportierten Tonteilchen. Wenn ein Industriewerk mit seinen Abwässern z. B. Zink in einen Fluß pumpt, der dadurch gelöste Gehalte von mehr als 1 ppm Zn bekommt, so sind diese 10 Kilometer flußabwärts adsorbiert. Danach entspricht die in Lösung transportierte Zinkkonzentration wieder der normalen in der Größenordnung 10—100 γ/Liter.

Ein experimentelles Beispiel von Cu-Adsorption an Tonminerale (Heydemann [1959]), läßt sich sehr einfach auf die natürlichen Verhältnisse übertragen. Wie bei der Austauschkapazität erwähnt wurde, nimmt das Adsorptionsvermögen in der Reihenfolge Kaolinit, Illit, Montmorillonit und mit steigendem p_H zu. Eine 0,01 prozentige Illit-Suspension, die im Flußwasser häufig vorkommt, entzieht einer Lösung von 0,3 ppm Cu bei p_H 6,8 rund 80 % dieses Kupfergehaltes. Die Kupferkonzentration sinkt dadurch auf 60 γ/Liter ab. Sie ist damit allerdings immer noch neunmal höher als normales Flußwasser, dessen Gehalte evtl. durch Adsorptionsgleichgewichte mit Eisenoxyden bestimmt werden. Wenn man Adsorptionsexperimente mit Tonmineralen durchführt, muß man diese sorgfältig von Verwachsungen mit Eisenoxyden reinigen. In den von Krauskopf (1956) publizierten Experimenten adsorbierten Eisenoxyde mehr Cu als Montmorillonit-Ton. — Sollten einmal in natürlichen Gewässern örtlich Gehalte von 2 ppm Cu auftreten, so wird der aus der adsorbierenden Suspension (0,01 %) sich absetzende Illitton rund 0,1 % Cu enthalten.

Die *Bestimmung der Ablagerungsbedingungen* — der Fazies — wird aus der chemischen Zusammensetzung der Tone durch den geringen Anteil von Mineral-Neubildungen am Ablagerungsort erschwert. Chemische Anpassung eines sich mechanisch akkumulierenden Sedimentes an das Ablagerungsmilieu kann in Reaktionen der feinsten Fraktionen, in Adsorptionsprozessen und in Zumischung spezifischer Mineralkomponenten erfolgen.

Die Unterscheidungsmöglichkeiten *mariner und nichtmariner Tone* werden durch Unterschiede in der Zusammensetzung von Meerwasser und kontinentalen Gewässern bedingt. Als Repräsentanten der kontinentalen Gewässer sind die Flüsse auf die gelösten Substanzen untersucht worden. In Abb. 17 werden Meer- und Flußwasser in ihren häufigsten Bestandteilen verglichen. Das Meerwasser enthält danach 7000—100 mal höhere Gehalte an Br, Cl, Na, Mg, B, SO_4, Sr, Li, Rb. Unter diesen Elementen muß man demnach am ersten günstige Faziesindikatoren erwarten. Paläontologisch belegte marin und limnisch abgelagerte Sedimente können sich auch örtlich in anderen Elementen unterscheiden. Diese sind dann aber keine Faziesindikatoren. Die Schwierigkeit, Gehalte an Cl, Br und Na als Fazieskriterien zu benutzen, liegt in der guten Löslichkeit und großen Mobilität ihrer Verbindungen. Rezente marine Tone enthalten mehr als 1 % Cl, oberflächennah anstehender Tonschiefer aber nur rund 0,01 % Cl. Höhere Gehalte an nicht löslichem Chlor können nur durch neugebildete Chlorite fixiert werden; dasselbe gilt für die Aufnahme von Mg aus dem Meerwasser. Seit den klassischen Arbeiten von Goldschmidt, Peters (1932) ist immer wieder versucht worden, das Bor in spezifischen Gehalten als ein Leitelement für marine Ablagerungsbedingungen zu benutzen. Durch die Untersuchungen von Harder (1959), Frederickson und Reynolds (1960) weiß man, daß die Illite die Hauptmenge des Bors der Tone und Tonschiefer enthalten (Mittel bei 400 ppm B). Suspensionen feinkörniger Illite nehmen aus verdünnten Borsäure- oder Natriumtetraboratlösungen in tausendfacher Meerwasserkonzentration bei 15 °C in Tagen und Wochen Mengen in der Größenordnung von 10 bis 50 ppm B irreversibel auf (Harder [1961]). Trotz der für natürliche Verhältnisse zu hohen Lösungskonzentration ist dieser Befund für die Erklärung der Anpassungsfähigkeit der Glimmer im salinaren Milieu wichtig. Da die Bor-Aufnahme irreversibel verläuft, muß einer Adsorption eine Reaktion gefolgt sein. Der irreversible Verlauf hat den Nachteil, daß detritische Glimmer in limnischen Gewässern ihre relativ hohen Borgehalte nicht abgeben und in ihren Borgehalten ein marines Ablagerungsmilieu vortäuschen können. Als Beispiel kann man pleistozäne Süßwassertone aus umgelagertem Röt nennen, die mehr als 200 ppm B enthalten und sich damit von der Mehrzahl der Süßwasserablagerungen mit 20—50 ppm B unterscheiden. Die Salinitätsbestimmung mit Hilfe der Boranalyse der Glimmer oder der Tone ist also nicht eindeutig. Vielleicht gelingt es in Zukunft, sie durch Kombination mit anderen chemischen Kriterien zu verbessern. Die Schwefelgehalte eignen sich unter Umständen auch zur Charakterisierung, die Rubidiumwerte dagegen nicht. Die Sulfatgehalte des Porenwassers und die Schwefelanteile organischer Rückstände können nach bakterieller Schwefelwasserstoff-Produktion als Eisensulfid fixiert werden und sind damit weit weniger mobil als die Hauptbestandteile des Porenwassers.

Kriterien für den *Sauerstoffgehalt des Wassers* während der Sedimentbildung findet man nicht nur im Fehlen oder Vorkommen von organischen Rückständen. Man kann drei Arten von Ablagerungen unterscheiden: a) Sedimente, die keine organischen Rückstände enthalten, meist ein $Fe^{3+}/Fe^{2+} > 1$ aufweisen (rote Farbe) und mit größter Wahrscheinlichkeit in gut belüfteten Gewässern gebildet worden sind; b) Sedimente mit organischen Resten, die sich in Wasser mit freiem Sauerstoff absetzten, deren Diagenese aber unter reduzierenden Bedingungen verlief (z. B. sogenannte Blauschlicke und Gyttjen). Hier sind die organischen Rückstände relativ schnell sedimentiert und nach Einbettung vor der Einwirkung des Sauerstoffs geschützt worden; c) Bei günstiger Nährstoffzufuhr und dementsprechend großer organischer Primärproduktion kann im Verein mit mangelnder Wasserzirkulation der geringe Sauerstoffgehalt des Wassers ($\sim 1{,}2 \cdot 10^{-3}$ %) zur Oxydation der organischen Rückstände aufgebraucht werden. Die Reduktionszone liegt unter diesen Bedingungen im Wasser und im Sediment. Man spricht von euxinischen Verhältnissen oder Sapropel-Fazies. Im einen Fall wird die organische Produktion, im anderen die mangelnde Zirkulation überwiegen.

Zu den gut belüfteten Gewässern zählen sowohl die Flüsse und die bewegten Flachwasserzonen als auch die Ozeantiefen. In den Ozeanen ist das Volumen der Oberflächenschichten mit großer organischer Produktion — d. h. mit Sauerstoff-Verbrauch zur Oxydation der organischen Rückstände — sehr klein, gemessen am Gesamtvolumen. Die Sauerstoffmenge im Reservoir der Ozeane steht mit $\sim 2 \cdot 10^{13}$ t O_2 einer jährlichen organischen Primärproduktion von $10^{10} - 10^{11}$ t C gegenüber. Das Tiefenwasser kann nur sauerstoffhaltig bleiben, wenn es sich alle paar hundert Jahre durch

Zirkulation einmal an der Oberfläche befindet, um mit der Luft in Wechselwirkung zu treten.

Zur Unterscheidung der Zusammensetzung von *Gyttja- und Sapropelfazies-Sedimenten* oder -Sedimentgesteinen gelten folgende Überlegungen. Ein frisch abgelagertes Sediment ist nahezu ein geschlossenes System; nur über Porenlösungen besteht ein begrenzter Austausch mit dem Bodenwasser. Deshalb kann sich ein solcher Ton praktisch nur durch die organischen Rückstände von der Hauptmenge der Kohlenstoff-freien Tonsedimente unterscheiden. Im Kapitel „Biogeochemie" sind in Tabelle 31 Daten für die häufigsten Nebenbestandteile mariner Organismen zusammengestellt worden. Die organische Trockensubstanz enthält bei rund 30 % Kohlenstoff die Elemente Fe, Zn, Mn und V im Konzentrationsbereich von $1—10^{-3}$ %. Ein Sediment mit 5 % C dürfte demnach nur etwa 40 ppm Zn, 10 ppm Mn und 10 ppm V aus der primären organischen Substanz bekommen haben. Das sind sehr geringe zusätzliche Gehalte verglichen mit den häufig in bituminösen Tonen vorkommenden Konzentrationen dieser Elemente (Abb. 18). Nun gelangt bei weitem nicht die gesamte Primärproduktion in das unterlagernde Sediment. Ein Verhältnis von 1000 : 1 zwischen der Primärproduktion und der Kohlenstoffansammlung am Meeresboden ist nicht ungewöhnlich. Bei der Oxydation der organischen Substanz müssen auch die Nebenbestandteile dem Wasser und nicht dem Sediment zugeführt werden. Sonst wäre z. B. der Vanadiumgehalt der Tiefseesedimente höher als 0,01 % V. Wenn man die genannten Gehalte der Organismen als primäre, physiologisch bedingte ansieht, muß man auch mit sekundären Anreicherungen in und durch die organischen Rückstände rechnen. Diese Wechselwirkung mit dem Meerwasser geht über Adsorption, Reduktion und Extraktion (von neugebildeten Komplexen) vor sich. Es ist damit zu rechnen, daß sich auf diesem Wege

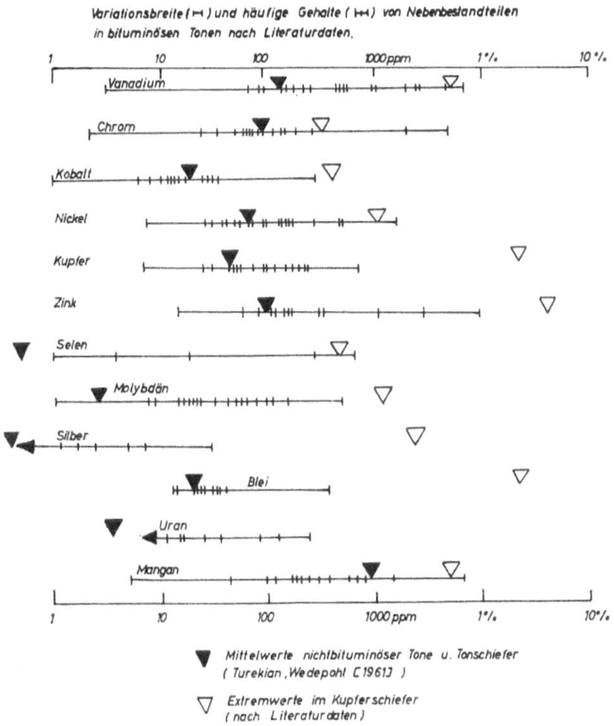

Abb. 18. Die Gehalte bituminöser Tone an häufigen Nebenbestandteilen.

z. B. Vanadium und Nickel relativ anreichern können. Die Elemente U und V sind z. B. in der niedrigen Oxydationsstufe weniger löslich als in der höheren. Borchert und Krejci-Graf (1959) haben noch auf die Analyse des C/N-Verhältnisses zur Faziescharakterisierung hingewiesen. Da sich das C/N-Verhältnis eines organischen Rückstandes wegen der geringen Stabilität der Eiweißverbindungen gegenüber Sauerstoffhaltigem Wasser zu größeren Werten ändert, (z. B. 20 → 350) mißt man auf diesem Wege die relative Aufenthaltszeit der verschiedenen Substanzen aus abgestorbenen Organismen in gut durchlüftetem Wasser. In Sapropelen kann das primäre C/N-Verhältnis einigermaßen erhalten bleiben.

Im Zusammenhang mit der oben erwähnten Reduktion löslicher Komponenten im Meerwasser sind einige allgemeine Angaben über die *Reduktions- und Oxydationsverhältnisse* in natürlichen Systemen bei niedrigen Temperaturen angebracht. Das Oxydationspotential E_h ist ein anschauliches Maß für die Elektronenkonzentration eines Systems im Gleichgewichtszustand. Als Bezugssystem benutzt man eine sogenannte Wasserstoffelektrode: eine Pt-Elektrode in einer Lösung mit der Wasserstoffionen-Aktivität 1, die sich unter 1 atm Wasserstoffgas gesättigt hat. Die freie Energie und die Spannung der Wasserstoff-Reaktion ist null. Man kann jetzt das Potential jeder anderen Reaktion bB + cC = dD + eE + n Elektronen in wässeriger Lösung mit dem der Wasserstoff-Halbzelle vergleichen und bekommt als Maß das Oxydationspotential. Das Oxydationspotential, auch Redoxpotential genannt, dient also unter festen Bedingungen von Konzentration, Temperatur und Druck dazu, die oxydierende Wirkung eines Elementes in höherer Valenz mit der des H^+-Ions oder die reduzierende Wirkung desselben Elementes in niederer Valenz mit der des H_2 zu vergleichen.

$$E_h = E_0 + \frac{0{,}059}{n} \log \frac{[D]^d\,[E]^e}{[B]^b\,[C]^c}$$

E_0 ist in dieser Gleichung das Potential unter Standardbedingungen (Aktivitäten gleich eins), n die Zahl der Elektronen. Im Falle des Konzentrationsgleichgewichtes, besser Aktivitätsgleichgewichtes, zweier Oxydationsstufen eines Elementes sind bei Wasserüberschuß: $[D]^d = [B]^b = [C]^c = 1$. Die Gleichung vereinfacht sich durch: $[E]^e = [H]^n$

$$E_h = E_0 + 0{,}059 \log [H]$$
$$E_h = E_0 + 0{,}059 \cdot p_H$$

Die Messung von p_H und E_h ist ein Routineexperiment. Gewöhnlich benutzt man zur *p_H-Messung* eine Glaselektrode und eine Bezugselektrode. Die Glaselektrode enthält eine Säure und wird in die Testlösung getaucht. Zwischen den Wasserstoff-Ionenkonzentrationen innen und außen herrscht eine Spannung proportional zum log $[H] = p_H$ der Testlösung. Diese läßt sich über die Bezugselektrode (Hg-Hg_2Cl_2 in gesättigter KCl-Lösung) messen. Die Bezugselektrode hat bei 25 °C ein Potential von + 0,245 Volt.

Bei der *E_h-Messung* benutzt man eine Gold- oder Platinelektrode als Elektronenempfänger oder -spender für die zu messende Lösung. Diese Elektrode wird wiederum mit der Bezugselektrode Hg-Hg_2Cl_2 verbunden. Bei E_h-Messungen von Systemen unter Luftabschluß gehen die meisten Fehler auf die Verunreinigung der Pt-Elektrode mit eingebrachtem Sauerstoff zurück. Deshalb gibt es nur verhältnismäßig wenige zuverlässige Messungen an natürlichen Proben, die nicht mit der Atmosphäre in Wechselwirkung stehen. Einige in geochemisch wichtigen Systemen gemessene E_h-Werte (z. B. ZoBell [1946]) sind in Abb. 19 dargestellt worden. In dieses Diagramm ist auch die p_H-Abhängigkeit des E_h für einige Gleichgewichtspaare an Oxyden bei 25 °C eingetragen worden (Garrels [1960] u. a.). Die Steigung der das Gleichgewicht bestimmenden Geraden entspricht der Gleichung $E_h = K + 0{,}059\ p_H$. Der natürlich mögliche p_H-E_h-Bereich wird durch die Dissoziation des Wassers und den maximalen Partialdruck von einem der daraus entstehenden Gase auf 1 atm begrenzt. Unter den niedrigen

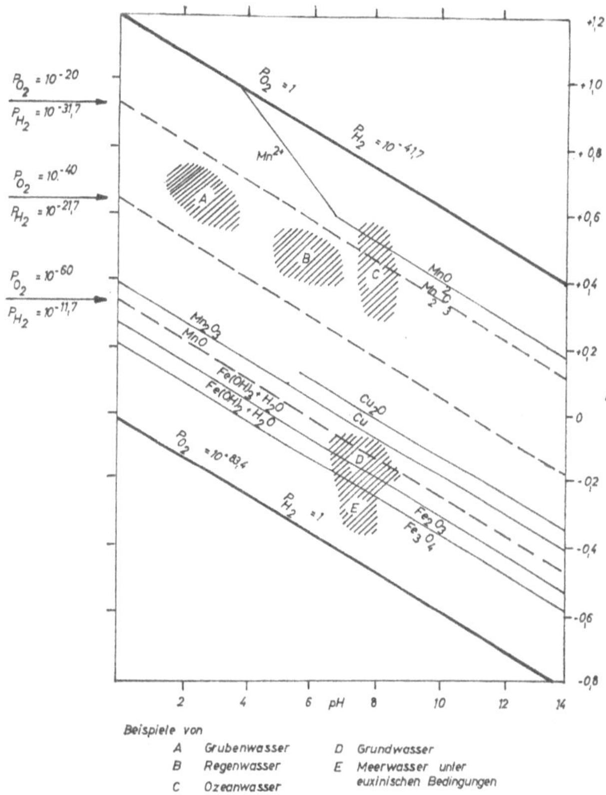

Abb. 19. Bereiche natürlich vorkommender E_h-pH-Bedingungen.

Temperaturen der Sedimentbildung stellen sich nicht immer Gleichgewichte ein. Aus den berechneten Oxydationspotentialen bestimmter Reaktionen kann man die vorherrschende Verbindung eines Elementes für ein bestimmtes Ablagerungsmilieu voraussagen.

Im *Sapropelsediment* sind grundsätzlich höhere Gehalte an einer ganzen Reihe von Elementen möglich als in der Gyttja. Das Meerwasser bietet ohne freien Sauerstoff Lebensbedingungen für anaerobe Bakterien. Bakterien wie Desulfovibrio desulfuricans reduzieren in ihrem Stoffwechsel SO_4^{2-} zu S^{2-} (aerobe Bakterien bauen Eiweiß ab). Bei der heterotrophen Desulfurierung wird außerdem organischer Kohlenstoff verbraucht. Die Hauptmenge des Wasservolumens im Schwarzen Meer steht wegen sehr langsamer Zirkulation unter anaeroben Bedingungen. In der Zone von 200—1000 m Tiefe steigt der H_2S-Gehalt auf 5 ml/Liter an. Im Tiefenwasser ist der Schwefelwasserstoffgehalt ziemlich konstant 6 ml/Liter. In den Tiefenzonen norwegischer Fjorde hat man noch höhere Sulfidgehalte gemessen (Ström [1936, 1948]). Dort sind die Bedingungen einer stagnierenden Wassermasse kein Dauerzustand. Ein Sturm kann sie aufheben und es dauert Wochen und Monate bis in einem größeren Wasservolumen der freie Sauerstoff aufgebraucht worden ist. Sobald im Wasser Sulfidionen vorhanden sind, müssen einige Schwermetalle als Sulfide ausfallen. Die Konzentration der in Tabelle 26 oben aufgeführten Elemente ist im Gleichgewicht mit deren Sulfiden wesentlich geringer als in normalem Meerwasser. Nur die Größenordnung der Löslichkeitsdaten hat für unsere Diskussion Wert, da diese für reines Wasser und nicht für Meerwasser berechnet worden sind. Der Gehalt an Sulfiden, der aus diesen Prozessen in das Sediment gelangt, ist abhängig von der gleichzeitig sedimentierenden Ton- und Karbonatmenge. Geringe Sedimentbildungsgeschwindigkeit in größerer Küstenentfernung und relativ großer Wasseraustausch, begrenzt durch den notwendigen Sauerstoffverbrauch in den Zonen der Sulfatreduktion, führen zu auffallenden Gehalten von Schwermetallsulfiden im Sediment. Im

Tabelle 26

Elemente	Löslichkeit der Sulfide (p_H 7; 25 °C) in g/100 g Wasser = %	Gehalte im Meerwasser in g/100 g Wasser = % (nach Goldberg, 1957)
Hg″	$1{,}3 \cdot 10^{-22}$	$3 \cdot 10^{-9}$
Ag•	$5{,}8 \cdot 10^{-15}$	$3 \cdot 10^{-8}$
Cu•	$1{,}3 \cdot 10^{-14}$	$3 \cdot 10^{-7}$
Fe•	$\sim 3 \cdot 10^{-11}$ (FeS_2)	$1 \cdot 10^{-6}$
Pb•	$3{,}3 \cdot 10^{-11}$	$3 \cdot 10^{-8}$ °
Zn•	$9{,}0 \cdot 10^{-10}$	$1{,}5 \cdot 10^{-6}$
Cd″	$1{,}7 \cdot 10^{-9}$	$1 \cdot 10^{-8}$
Mo•	$2 \cdot 10^{-7}$?	$1 \cdot 10^{-6}$
Ni•	$3 \cdot 10^{-7}$	$5 \cdot 10^{-7}$ ‴
Co•	$2 \cdot 10^{-7}$	$5 \cdot 10^{-8}$
(V•	$3 \cdot 10^{-6}$	$2 \cdot 10^{-7}$)
reduziert durch H_2S zu V $(OH)_3$?		
(Cr•	$3 \cdot 10^{-5}$	$5 \cdot 10^{-9}$)
reduziert durch H_2S zu Cr $(OH)_2^+$		

• Krauskopf (1956, 1961).
″ Czamanske (1959).
° Chow und Patterson (1962).
‴ Schutz und Turekian (1965).

Kupferschiefer trifft man häufig eine vertikale Metallverteilung im Profil an, die dem Gradienten ansteigender Löslichkeit (Tab. 26) entspricht. Die Übergangsschichten vom Liegenden in den Kupferschiefer enthalten gewöhnlich die höchsten Kupfer- und Silberkonzentrationen. Die Bedingungen zur Schwermetallfällung in Sapropelfazies können durch örtlich abnorme Gehalte der betreffenden Elemente im Meerwasser besonders günstig sein. Bakterien ertragen Gehalte von $>$ 100 ppm Cu im Wasser. Nur selten ist es in der geologischen Geschichte zu Metallanreicherungen in der Art des Kupferschiefers und des Nonesuch-Schiefers (Michigan, USA) gekommen. Höhere Metallgehalte finden sich fast ausschließlich im küstennahen Ablagerungsgebiet. Die bisher bekannten extremen Gehalte des Kupferschiefers sind in Abb. 18 eingetragen. Ein Blei- oder Zink-reicher Kupferschiefer ist weiter verbreitet als hohe Kupfergehalte. Das Pb/Cu-Verhältnis ist demnach insgesamt im Sedimentgestein $\gg 1$ während normales Meerwasser ein Verhältnis $\ll 1$ hat.

Das Diagramm der Abb. 18 soll einen Überblick über die Variationsbreite und häufigen Konzentrationswerte spezifischer Elemente in bituminösen Peliten geben. Es beruht auf neueren Literaturdaten über Vorkommen von kambrischen Tonschiefern bis zu rezenten Tonen in Europa und Amerika. Der Vergleich mit Mittelwerten nichtbituminöser Tone zeigt, daß z. B. Molybdän und Vanadium fast immer in den bituminösen Sedimenten in höheren Gehalten vorkommen.

Ein Element, das oft unter reduzierenden Bedingungen stärker mobilisiert als fixiert wird, ist das Mangan.

Abschließend soll der *Faziesbereich der küstenfernen Tiefsee* besprochen werden, der durch sehr geringe Sedimentbildungsgeschwindigkeit charakterisiert ist. Diese Sedimente bestehen zu mehr als 80 % aus zwei Typen: dem pelagischen Ton (der oft unberechtigt „Roter" Ton genannt wird) und dem Kalkschlamm. Das Karbonatsediment wird nach der häufigen, Schalen-bildenden Protozoenart auch als Globigerinenschlamm bezeichnet. Wenn man die Grenze zwischen beiden Sedimentarten bei 30 % $CaCO_3$ zieht, ist fast 40 % des Meerbodens mit dem Foraminiferenschlamm bedeckt. Die Untersättigung des Tiefenwassers an $CaCO_3$ führt wegen der niedrigen Temperatur und dem hohen Druck zur Auflösung der feinen Kalkschalen in mehreren großen Becken der Ozeane. Die Tiefseesedimente bedecken mit $270 \cdot 10^6$ km² etwa 55 % der Erdoberfläche, eine dreimal größere Fläche als die Schelfsedimente an den Kontinenträndern (< 200 m Wassertiefe). Der großen Mächtigkeit der Flachseeablagerungen steht die geringe Dicke der Sedimentschicht in der Tiefsee gegenüber. Nach seismischen Messungen kann man im Atlantik nicht mit mehr als 500 m und im Pazifik mit weniger als 500 m mittlerer Mächtigkeit der Sedimente rechnen. Der Atlantik ist weniger als halb so groß an Fläche wie der Pazifik, bekommt aber den größten Teil der Zuflüsse von den Kontinenten.

Die *Sedimentbildungsgeschwindigkeit* des Tiefseetons ist nach den von Schott (1939) erstmals mit Hilfe der Foraminiferenchronologie für den Nordatlantik ermittelten Werten dort auf weniger als 9 mm/1000 Jahre zu schätzen. Heute wird die Geschwindigkeit der Ablagerung des Sediments mit einer physikalischen Methode bestimmt. Man ermittelt die Abklingkurve des aktiven Isotops Th^{230} (Ionium) von der Sedimentoberfläche bis zu älteren Schichten. Dieses Isotop aus der U^{238}-Zerfallsreihe stammt aus dem Urangehalt des Meerwassers und wird in einem bestimmten Verhältnis zum Th^{232} bei der Sedimentbildung im Ton fixiert. Da das Th^{230} mit $8{,}3 \cdot 10^4$ Jahren Halbwertszeit im Gegensatz zum Th^{232} sehr schnell zerfällt, ändert sich das Th^{230}/Th^{232}-Verhältnis schon in den oberen Dezimetern eines Tonprofils. Goldberg und Mitarbeiter (1958 bis 1964) und Miyake, Sugimura (1961) veröffentlichten eine Reihe von Daten für verschiedene Ozeane, die sie nach dieser Methode erhielten. Die Ergebnisse liegen für den Südpazifik mit den geringsten Zuflüssen von den Kontinenten bei 0,3—0,6 mm/1000 Jahre, für den Südatlantik mit seinen vergleichsweise reichlichen Zuflüssen bei mehreren mm/1000 Jahre. Für die mittlere Sedimentationsrate im Nordpazifik, Nordatlantik und Indischen Ozean geben diese Autoren Werte zwischen den genannten Extremen an. Mit der Größenordnung von 1 mm Sedimentbildung alle 1000 Jahre kann man somit im landfernen Tiefseebereich rechnen. Die Mohole-Testbohrung bei Guadalupe hat gezeigt, daß die Bildungsrate in Küstennähe von $\leqq$ 50 km z. B. bis auf mehr als 1 cm/1000 Jahre anwachsen kann (Riedel [1961]).

500 m Sedimentmächtigkeit können nach den oben angegebenen Daten in den Ozeanen etwa in der Zeit vom Kambrium bis heute gebildet worden sein. Ehe man auf der Grundlage dieser Zahl Spekulationen über das Alter und die Entstehung der Ozeane anstellt, sollte man die Ergebnisse von Tiefbohrungen in der ozeanischen Erdkruste und damit direkte Alters- und Mächtigkeitsbestimmungen abwarten.

Die *Substanz der Tiefseetone* stammt aus dem Verwitterungsschutt der Kontinente und der submarinen Verwitterung von Tuffen und magmatischen Gesteinen. Die Produkte der kontinentalen Verwitterung werden durch die Flüsse in etwa gleichen Anteilen als Suspension und in Lösung zugeführt. Da das Aluminium in allen Tonmineralen vorkommt, kann man mit Hilfe der Al-Bilanz die Menge von Tonmineralneubildungen im Ozeansediment aus den kontinentalen Zuflüssen abschätzen. Die Flüsse führen den Ozeanen jährlich $2{,}7 \cdot 10^{13}$ t Wasser, $3 \cdot 10^{9}$ t Detritus und 10^{6} t gelöstes Al (0,3 ppm Al im Flußwasser) zu. Auf den in Suspension transportierten Detritus bezogen, fällt vor den Mündungen der Flüsse (0,001 ppm Al im Meerwasser) nur 0,03 ‰ Al aus. Die relative Menge einiger für die Ozeansedimente spezifischer Elemente wie z. B. Mn und Ni liegt in den kontinentalen Zufuhren noch eine Zehnerpotenz unter dem Al. Man mag einwenden, daß diese durch die Flüsse in Lösung zugeführten Elemente im Meerwasser zu feinkörnigeren Verbindungen ausfallen als der Fluß in Suspension transportiert. Es ist aber nach den Sedimentationsraten und der Flächenbedeckung nicht zu erwarten, daß die relative Anreicherung der feinen Fraktionen mit abnehmender Transportkraft des Wassers im küstenfernen Teil der Ozeane den Faktor hundert überschreitet.

Es kann nicht bezweifelt werden, daß im Bereich der Ozeane Kalium zur Mineralneubildung verbraucht wird. Das Na/K-Verhältnis des Meerwassers liegt nämlich etwa zehnmal höher als das des Flußwassers. Die K-Ar-Altersbestimmungen von Illiten aus Tiefseesedimenten zeigten jedoch, daß die häufigste Mineralart dieser Ablagerungen überwiegend aus Detritus besteht. Chlorite und Kaolinite sind in den Ozeanbreiten angereichert, in denen sie im kontinentalen Detritus vorherrschen. Neben den bisher erwähnten Mineralen sind Montmorillonite, Wechsellagerungs-Tonminerale und Feldspäte zu nennen, die z. T. aus den Verwitterungsprodukten des submarinen Vulkanismus stammen können. Der Quarzgehalt der Tiefseetone ist gewöhnlich nicht höher als 10—15 %. Charakteristische Neubildungen in diesen Tonen sind Phillipsit und Manganoxydkonkretionen, deren γ-MnO_{2-x} oft mit Eisenoxyden verwachsen ist.

Bis auf geringere SiO_2- und höhere Eisengehalte unterscheiden sich die pelagischen Tone in chemischen Hauptbestandteilen nicht von den Flachseetonen. Im Gegensatz zu den chemischen Hauptkomponenten gibt es in einigen Nebenbestandteilen deutliche Unterschiede zwischen den pelitischen Sedimenten beider Ablagerungsgebiete. Die Elemente Zn, Ni, Pb, Cu, Co, Mn und Mo sind meist in dieser Reihenfolge in Atlantik- wie Pazifik-Tonen gegenüber den entsprechenden küstennah abgelagerten Sedimenten angereichert. Mittelwerte für Anreicherungsgrade im Nordatlantik und Nordpazifik sind in Abb. 20 dargestellt. Im Südpazifik sind bei der geringsten Sedimentbildungsgeschwindigkeit im allgemeinen die Gehalte dieser Elemente am höchsten. Hier kommt das Mn auch am häufigsten in den oben erwähnten knollenartigen

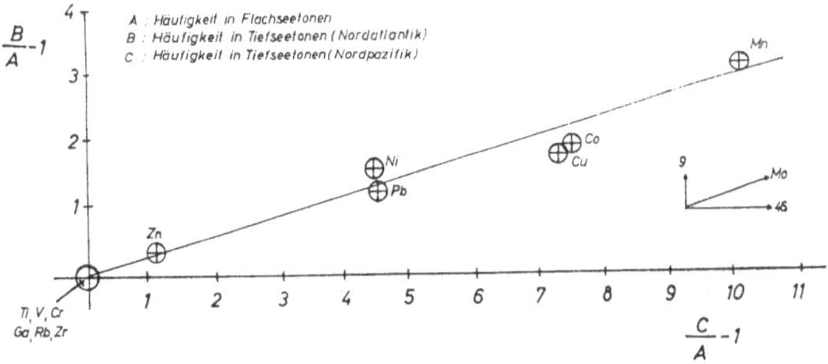

Abb. 20. Nebenbestandteile, die spezifisch in Tiefseetonen angereichert worden sind.

Konkretionen örtlich angereichert vor. Nach den Aufnahmen mit der Tiefseekamera bedecken sie dort große Flächen. Die Konkretionen enthalten oft etwa 1 % Ni, Cu oder bzw. und Co. Die Konzentrationen der angereicherten Elemente sind in den Tonen der beiden großen Ozeane etwa der jeweiligen Sedimentbildungsgeschwindigkeit umgekehrt proportional. Der Pazifik enthält als größter Ozean mit den geringsten Zuflüssen die auffallendsten Anreicherungen der spezifischen Elemente im Sediment. Die Bilanz der kontinentalen Verwitterung und des Fluß-Transports kann die Bilanz der Tiefseesedimente nicht erklären, wenn diese mehr als 10 % Anteil an allen sedimentären Ablagerungen haben (200—500 m Mächtigkeit der Tiefseesedimente; rund 1000 m Mächtigkeit aller Sedimente bei gleichmäßiger Verteilung). Eine Stoffumlagerung aus der submarinen Verwitterung magmatogener Gesteine ist nicht auszuschließen. Das Cr/Ni-Verhältnis von Tiefseesedimenten verweist nicht auf den kosmischen Staub als Hauptlieferanten der relativ großen Nickelmengen im Ozeansediment. Im Kapitel über die magmatogene Gasförderung waren spezifische Elemente aufgezählt worden, die immer wieder in vulkanischen Sublimaten gefunden werden (Vesuv, Stromboli, Valley of Ten Thousand Smokes [Alaska], Japanische Vulkane, Parikutin [Mexico] usw.).

Das gemeinsame Vorkommen der Elemente Fe, Zn, Ni, Pb, Cu, Co, Mn, Mo u. a. in den vulkanischen Entgasungen und den sehr langsam gebildeten Sedimenten im Bereich eines aktiven Vulkanismus ist sicherlich kein Zufall. Man kann aber zusätzlichen Stofftransport aus anderen Prozessen nicht ausschließen. Das Mn wird z. B. besonders im reduzierenden Milieu bituminöser Sedimente mobilisiert.

Wenn man bedenkt, daß augenblicklich für die Probennahme im Tiefseegebiet nur die oberen Schichten eines mehrere hundert Meter mächtigen Sediments zugänglich sind, wird man — wie schon erwähnt — von Bohrungen neue Informationen über die Bildungsgeschichte der Ozeane, der Tiefseesedimente und auch der Kontinente erwarten.

Chemische Sedimente

Die chemischen Sedimente haben sich, abgesehen von einigen kontinentalen Salzablagerungen, aus den gelösten Bestandteilen des Meerwassers gebildet. Das Meerwasser enthält als Kationen die leichtest löslichen Produkte der kontinentalen Verwitterung. Da die Anionen und das Lösungsmittel Wasser aus dem gleichen Prozeß der irdischen Entgasung stammen, ist nicht anzunehmen, daß sich die Salzkonzentration während der Erdgeschichte wesentlich geändert hat. Die Zunahme der Wassermenge auf der Erde und die Ansammlung der chemischen Verwitterungsprodukte müssen einigermaßen parallel verlaufen sein.

Die Häufigkeit bestimmter chemischer Sedimente hängt von der notwendigen Konzentrierung des Meerwassers bis zur Sättigung an deren charakteristischen Verbindungen ab. Sehr gut lösliche Minerale kommen wegen der dazu notwendigen Konzentrierung des Wassers um mehr als 90 % und des seltenen Zusammentreffens der entsprechenden klimatischen und geologischen Bedingungen nicht häufig vor. An $CaCO_3$ ist das Meerwasser übersättigt, gesättigt oder nahezu gesättigt. Die Menge der Kalke ist etwa hundertmal größer als die Menge des heute im Meerwasser gelösten $Ca + CO_3$. Die Ozeane enthalten aber gelöst über zehnmal mehr NaCl als die bekannten Salzlagerstätten.

Der Anteil der Karbonate an den Sedimentgesteinen wird unterschiedlich hoch geschätzt. Aus der Differenz zwischen verwitternden magmatischen Gesteinen mit 4 % CaO (Tabelle 11) und kalkfreien Tonen mit ~ 0,5 % CaO läßt sich zusammen mit dem entsprechenden MgO-Gehalt ein Kalkanteil von rund 8 % ermitteln. Nach Auswertung geologischer Profile und Karten gaben Leith (1934), Schuchert (1931) u. a. die Häufigkeit der Karbonatgesteine mit etwa 20 % an. Der Tiefseeboden ist zu 40 % mit Kalkschlamm ($\leq$ 30 % $CaCO_3$) bedeckt.

Die Kalke enthalten Produkte organischer und anorganischer Kalkfällung. Die primären Calzit- und Aragonitkristalle sind oft in diagenetischen Prozessen aufgelöst und ihr Stoff umgelagert worden. Durch diese Umlagerung geht mit zunehmendem Alter der Schichten vor allem der besser lösliche Aragonit zugunsten des Calzits verloren. Die Löslichkeitsunterschiede der beiden Modifikationen sind bei Normalbedingungen nicht sehr groß (Unterschiede in der freien Energie zwischen 0,2 und 0,5 kcal). Kürzlich hat Taft (1963) festgestellt, daß geringe Mengen Mg das Gitter des Aragonits stabilisieren. Bei der Diagenese eines Kalkschlamms zu Kalkstein findet oft eine **Kornvergröberung** des Calzits statt. Ein feinkörniges **Kalksediment** ohne Schalenreste kann vorwiegend aus organogenem Detritus bestehen. Beobachtungen in Gebieten mit erheblicher Karbonatsedimentation und mineralogische Kriterien bilden die Grundlage zur Analyse fossiler Kalksedimente.

Sedimentäre Bildungen bestehen aus den Karbonaten: Calzit (mit der Varietät Magnesiocalzit), Aragonit, Dolomit und Magnesit. Ihre Bildungsbedingungen sollen nacheinander besprochen werden. Wichtigste Grundlage für das Verständnis der Kalksedimentation und Diagenese sind die Lösungsgleichgewichte des Calzits.

Die Lösungskonzentrationen mit Calzit als Bodenkörper stellen sich nach der Möglichkeit des CO_2-Zutritts durch die Luft ein. An den Gleichgewichten sind neben dem CO_2-Partialdruck die folgenden Aktivitäten beteiligt:

$$a_{H_2CO_3};\quad a_{HCO_3^-};\quad a_{CO_3^{2-}};\quad a_{H^+};\quad a_{OH^-};\quad a_{Ca^{2+}}$$

Vereinfachend kann man bei niedrigen Ionenstärken auch mit den entsprechenden Konzentrationen rechnen: $[H_2CO_3]$, $[HCO_3^-]$ usw.

Für die Bedingungen 25 °C, 1 atm gelten die folgenden Konstanten:

$$[Ca^{2+}]\,[CO_3^{2-}] = k_{CaCO_3} = 10^{-8,3}$$

$$\frac{[H^+]\,[HCO_3^-]}{[H_2CO_3]} = k_{H_2CO_3} = 10^{-6,4}$$

$$\frac{[H^+]\,[CO_3^{2-}]}{[HCO_3^-]} = k_{HCO_3^-} = 10^{-10,3}$$

$$[H^+]\,[OH^-] = k_{H_2O} = 10^{-14}$$

Die nach der verfügbaren CO_2-Menge unterschiedliche Gleichgewichtszusammensetzung von Lösungen mit Calzit als Bodenkörper läßt sich am besten an einigen Beispielen zeigen.

Eine Porenlösung im Kalkstein sättigt sich oft ohne Luftzutritt an Ca^{2+}- und CO_3^{2-}-Ionen. Im Verhältnis der oben angegebenen Gleichgewichtskonstanten reagieren die CO_3^{2-}-Ionen mit dem Wasser zu HCO_3^- und H_2CO_3:

a) 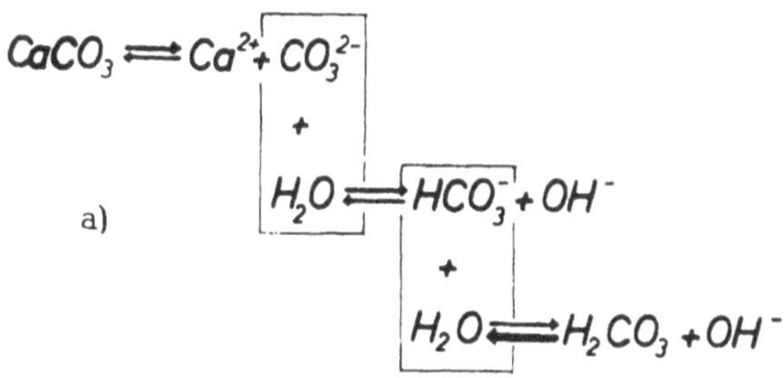

Dabei wird die entsprechende Konzentration [OH] freigesetzt (alkalische Reaktion). Die Konzentrationen der Bikarbonat-, Karbonat- und Calziumionen sind nach den Dissoziationskonstanten wie folgt vom p_H abhängig:

$$[HCO_3^-] = \frac{10^{-11}}{H^+} = [OH^-] \qquad [CO_3^{2-}] = \frac{10^{-24}}{[H^+]^2}$$

$$[Ca^{2+}] = 10^{16}\,[H^+]^2 \qquad H_2CO_3 \ll HCO_3$$

Diese Funktionen sind in Abb. 21 dargestellt worden. Der p_H-Bereich des Meerwassers wurde schraffiert. Die Gleichgewichtskonzentrationen an $[H^+]$, $[HCO_3^-]$, $[CO_3^{2-}]$ und $[Ca^{2+}]$ sind in Tabelle 27 aufgeführt.

Sobald die Lösung nicht nur mit Kalken, sondern auch mit der Luft und ihrem CO_2-Gehalt ($p_{CO_2} = 10^{-3,5}$ atm) im Gleichgewicht steht, stellen sich andere Konzentrationen ein.

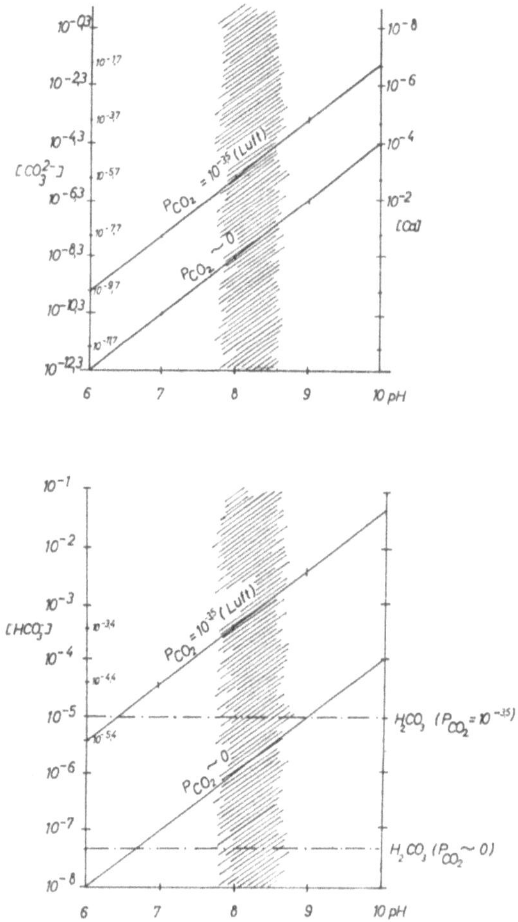

Abb. 21. Karbonat-Gleichgewichte mit Ca.

Die Dissoziation (b) des im Regenwasser und den Gewässern gelösten $CO_2 + H_2O \rightleftarrows H_2CO_3$ liefert H^+-Ionen, die mit einem Teil der OH^-- und der CO_3^{2-}-Ionen des vorher genannten Lösungssystems (a) reagieren. Es muß natürlich aus beiden Systemen elektrische Neutralität resultieren.

b)

$$\begin{array}{l} HCO_3^- + H^+ \rightleftharpoons H_2CO_3 \rightleftharpoons CO_2 + H_2O \\ \quad \uparrow\downarrow \\ CO_3^{2-} + H^+ \end{array}$$

Zur Berechnung muß die Gleichgewichtskonstante für das Verhältnis

$\frac{[H_2CO_3]}{H_2O + CO_2}$ bekannt sein: $\frac{[H_2CO_3]}{p_{CO_2}} = k_{CO_2} = 10^{-1,5}$

$$[H_2CO_3] = 10^{-1,5} \cdot p_{CO_2} = 10^{-5} \text{ (atm. Luft)}$$

Für diesen Fall ergeben sich die folgenden Bikarbonat-, Karbonat- und Calzium-Ionenkonzentrationen:

$$[HCO_3^-] = \frac{10^{-11,4}}{[H^+]} \qquad [CO_3^{2-}] = \frac{10^{-21,7}}{[H^+]^2}$$

$$[Ca^{2+}] = 10^{13,4}\,[H^+]^2$$

Auch diese Funktionen sind in Abb. 21 dargestellt worden. Das Diagramm ist wichtig für die Ermittlung von Karbonat-Ionenkonzentrationen bei äußerlich beeinflußtem p_H (z. B. schwefelsauren Verwitterungslösungen).

Der äußere CO_2-Partialdruck hat gegenüber der Porenlösung unter Luftabschluß die Löslichkeit von $CaCO_3$ erhöht. Durch die Bildung von Wasserstoffionen bei der Dissoziation des H_2CO_3 sinkt der p_H-Wert und die Karbonationen-Konzentration (Abb. 20). Nach dem Löslichkeitsprodukt muß der $[Ca^{2+}]$-Gehalt dann ansteigen.

Tabelle 27

	wässerige Lösung im Gleichgewicht mit Calzit, Luftabschluß 25 °C	wässerige Lösung im Gleichgewicht mit Calzit und CO_2-Gehalt der Luft 25 °C
p_H	9,95	8,4
$[Ca^{2+}]$	$10^{-3,9}$	$10^{-3,4}$
$[CO_3^{2-}]$	$10^{-4,4}$	$10^{-4,9}$
$[HCO_3^-]$	$10^{-4,05}$	$10^{-3,0}$
H_2CO_3	$10^{-7,6}$	10^{-5}

Die Verhältnisse entsprechen bis auf die Ionenstärke der Lösung den Oberflächenbedingungen im Meerwasser mit 25 °C Temperatur. Im Ozeanwasser werden im allgemeinen etwas niedrigere p_H-Werte (um 8,2), doppelt so hohe HCO_3^--Konzentrationen und deutlich höhere Ca^{2+}-Gehalte gefunden. Ein Teil des zur Einstellung des Karbonatgleichgewichtes nötigen Karbonats wird durch Komplexe mit Natrium, Magnesium u. a. gebunden. Experimentelle Löslichkeitsbestimmungen haben gezeigt, daß NaCl-Gehalte bis zu mehreren Prozent die Löslichkeit des Ca erhöhen. Eine Druckerhöhung ist mit Löslichkeitserhöhung verbunden. Die Vergrößerung des CO_2-Partialdruckes und damit der $[H_2CO_3]$-Konzentration ist örtlich durch Oxydation organischer Substanz oder bakteriellen Stoffwechsel möglich.

In der gleichen Weise macht sich auch eine Temperaturerniedrigung bemerkbar, die die Löslichkeit von CO_2 in Wasser erhöht.

An den Beispielen sollte gezeigt werden, wie die geologischen Vorgänge der Kalkausscheidung und -auflösung vor allem durch Veränderung von Temperatur, Druck (Oberflächenwasser—Tiefenwasser, Porenraum—Kluftraum) und CO_2-Partialdruck beeinflußt werden.

Tabelle 27 und Abb. 20 zeigen, daß im Bereich alkalischer Lösungen das Bikarbonat-Ion die häufigste Anionenart ist. Bei niedrigem p_H gewinnt das H-reichere, undissoziierte H_2CO_3 an Bedeutung.

Unter p_H 6,4 ist die Konzentration von H_2CO_3 größer als die von HCO_3^-. Mit dem CO_2-Gehalt der Luft steht im Regenwasser eine H_2CO_3-Konzentration von 10^{-5} im Gleichgewicht. H_2CO_3 dissoziiert zu gleichen Mengen HCO_3^- und H^+ und sehr wenig CO_3^{2-}. Nach dem Dissoziationsgleichgewicht ist der p_H bei 25 °C: 5,7 und die gelöste Karbonatmenge: $H_2CO_3 + HCO_3^- = 10^{-5} + 10^{-5,7} = 10^{-4,9}$ Mol.

Dem Meerwasser wird von den Kontinenten durch die Flüsse jährlich etwa $1{,}4 \cdot 10^8$ t Ca^{2+} zugeführt. Der heutige Gehalt des Meerwassers an CaO ist in rund $4 \cdot 10^6$ Jahren zugeflossen. Da sich die Meerwasserkonzentration wahrscheinlich in geologischen Zeiten nicht erheblich geändert hat, wird jährlich rund $3{,}5 \cdot 10^8$ t $CaCO_3$ am Meeresboden abgelagert. Um diese ständige Ablagerung aufrechtzuerhalten, müssen die Flüsse auch die äquivalente Menge HCO_3^- und H_2CO_3 zuführen. Das ist nur der Fall, wenn sie ihre gelösten Bestandteile aus der Verwitterung von Sedimentgesteinen beziehen. In magmatischen und metamorphen Gesteinen ist das Ca/CO_3-Verhältnis $\gg 1$. Es ist also zur Aufrechterhaltung ständiger Karbonatfällung ohne Änderung der Zusammensetzung des Meerwassers eine immerwährende Nachlieferung von CO_2 aus der Entgasung nötig.

Die Ausfällung von $CaCO_3$ erfolgt heute und in der jüngeren Erdgeschichte weitgehend über die *Schalenbildung von Organismen.* Unter ihnen hat das Plankton der Ozeane den bedeutendsten Anteil mit Protozoen (Foraminiferen) und Algen (Kokkolithophoriden). Diese beiden Organismengruppen bilden ihre Schalen und Skelette aus Calzit. Im Tiefseebereich findet also vorwiegend Calzitsedimentation statt. Das

Leben ist dort auf die Bereiche erhöhter Wassertemperatur (ausreichender $CaCO_3$-Übersättigung), Licht usw. angewiesen und auf wenige 100 m beschränkt. Die Calzitschalen des toten Planktons sinken nur sehr langsam ab, weil ihre Gestalt für den Schwebezustand günstig ist. In den Ozeantiefen kann mit Druckanstieg und Temperaturabfall Untersättigung an $CaCO_3$ auftreten. Im Bereich von 4000—6000 m Tiefe lösen sich je nach Größe die Calzitskelette auf und führen ihren Stoff dem Kreislauf wieder zu. Die Gebiete des Tiefseetons liegen demnach vor allem in großen Wassertiefen und in Bereichen geringer organischer Produktion. Eine Reihe von Organismen baut Schalen und Skelette aus dem rhombischen $CaCO_3$ oder aus beiden Modifikationen auf (s. Tabelle 28).

Tabelle 28

Schalen- und Gerüstsubstanz mariner Organismen:

Calzit (M = Magnesiocalzit)	Aragonit	Aragonit und Calzit
Algen (z. B. Lithothamnium)	Algen (z. B. Halimeda)	
Foraminiferen (zum Teil M)	Foraminiferen (selten)	
Kalkschwämme		
Korallen M	Korallen	
Bryozoen M		Bryozoen M
Brachiopoden		
Mollusken	Mollusken (z. B. Cephalopoden)	Mollusken (z. B. Schnecken)
Arthropoden M		
Echinodermen M		

Aragonit findet sich vor allem in den Organismenschalen der Bereiche des warmen Wassers. Einige Mollusken wechseln sogar nach Jahreszeit das Calzit-Aragonit-Verhältnis (Lowenstam [1954]). Wichtigster Nebenbestandteil des Aragonits ist das Strontium, das als größeres Ion die Aragonitstruktur gegenüber dem Calzit bevorzugt. Die Größenordnung der Sr-Gehalte liegt bei 0,1—1 % je nach Aragonit/Calzit-Verhältnis der Schalen und Ca/Sr-Verhältnis des Wassers. Die organogene und anorganische Aragonitfällung wird durch die träge Keimbildung des Calzits (häufige Übersättigung des Oberflächenwassers an dieser Modifikation) ermöglicht. Nach Chave u. a. (1962) ist das Löslichkeitsprodukt von Aragonit nicht ganz doppelt so groß wie das von Calzit.

Anorganische $CaCO_3$-Fällung wird heute nur in warmem Wasser der niedrigen Breiten beobachtet (Australien, Florida, Persischer Golf usw.). Im bewegten Flachwasser fällt dort Aragonit aus, dessen Kristallaggregate Ooide bilden. Das bewegte Wasser hält nicht nur die wachsenden Ooide in Schwebe, sondern liefert auch die Kristallkeime zum Aufheben der Übersättigung. Auf die stabilisierende Wirkung eines geringen Mg-Gehalts im Aragonit wurde bereits hingewiesen. Die Sedimentbildungsgeschwindigkeit von Karbonaten unterschiedlicher Herkunft kann in den tropischen Breiten in der Größenordnung von mm pro Jahr liegen.

Ein anderes metastabiles Karbonat wird wahrscheinlich ausschließlich organogen gebildet, der *Magnesiocalzit*. Normaler Tieftemperatur-Calzit hat $MgCO_3$-Gehalte unter 5 %. Bei 15—25 % $MgCO_3$-Aufnahme in das Calzitgitter erhöht sich dessen Löslichkeitsprodukt erheblich. Es müssen also von den entsprechenden Organismen — vor allem bestimmte Foraminiferen und Kalkalgen — hohe Übersättigungen physiologisch erzielt werden. Chave [1954] konnte zeigen, daß der Mg-Gehalt sowohl von der phylogenetischen

Stellung der Organismen als auch von der Wassertemperatur des Lebensbereichs abhängt. Kalkalgen haben die höchsten Mg-Konzentrationen; einem Temperaturanstieg von 10 auf 30 °C entspricht nach Chave eine Zunahme von $MgCO_3$ im Calzitgitter der Skelette von 10 auf 25 %. In den geographischen Breiten mit Wasser hoher $CaCO_3$-Übersättigung werden die metastabilen Karbonate abgestorbener Organismen auch umgelagert, kommen also z. T. als feinkörniger Detritus in das rezente Sediment.

Nur in den Sedimenten tropischer Gewässer mit örtlich hoher Salinität (Lagunen, episodisch überflutete Gebiete in Süd-Australien, Florida, im Persischen Golf u. a.) wird rezente *Dolomitbildung* beobachtet (Skinner [1963], Wells [1962] u. a.). Die rezente Entstehung wurde mit C^{14}-Altersbestimmungen bewiesen. Dolomit ist wahrscheinlich immer ein Reaktionsprodukt zwischen $CaCO_3$ und Mg-reichen, hochsalinaren Lösungen. Diese frühdiagenetische Dolomitbildung kann man auch in bestimmten stratigraphischen Horizonten, wie z. B. dem mitteleuropäischen Kupferschiefer, durch die Verbreitung von Dolomit und Calzit in Beziehung zum Küstenabstand nachweisen. Die Seltenheit der Bedingungen zur frühdiagenetischen Dolomitbildung steht in keinem Verhältnis zur Häufigkeit dieses Karbonats. Spätdiagenetische und epigenetische Reaktionen (bei niedrigen Temperaturen) werden neben der Metasomatose die Hauptmenge des Dolomits geliefert haben. Die Zunahme des Magnesiumgehalts der Kalke mit dem geologischen Alter (Mittelwerte großer Probenzahlen), die u. a. von Goldschmidt erwähnt wurde, läßt sich auf die größere Wahrscheinlichkeit zurückführen, in der alte Gesteine mit Mg-haltigen Lösungen in Berührung kamen. Die Möglichkeit, daß sich das Mg/Ca-Verhältnis des Meerwassers im Laufe der Erdgeschichte zu erheblich kleineren Werten entwickelt hat, ist nicht auszuschließen, aber weniger wahrscheinlich. Die Altersbeziehung des Mg-

Gehaltes wurde selbst an relativ jungen Gesteinen gefunden. So ergaben unsere Analysen von 32 Devonkalken 1,3 % MgO, von 45 Jurakalken 0,9 % MgO und von 16 Kreidekalken 0,5 % MgO.

Zur sedimentären Bildung von *Magnesit* sind ebenfalls die Bedingungen von Salzlagunen notwendig (Aldermann, Skinner [1957], Graf u. a. [1961]). Im Salzton des Zechsteins ist Magnesit ein häufiges Mineral.

Kalke bestehen nicht nur aus Karbonaten, sondern auch aus mehr oder weniger großen Anteilen silikatischer Minerale. In den Ozeanen ist die Bildungsgeschwindigkeit der Kalkschlamme immer größer als die der Tone. Relativ häufig scheint das Verhältnis der Karbonatbildung und der klastischen Sedimentation im Verhältnis 10 : 1 zu stehen. Auch in dem von Clarke (1924) angegebenen und in Tabelle 30 aufgeführten Mittel von 345 Kalken liegt der säureunlösliche Rückstand in der Größenordnung von 10 %. Mit fast 8 % MgO ist der Magnesiumanteil relativ hoch, deutlich höher als in paläozoischen und mesozoischen Kalken. Das Ca/Mg-Verhältnis ist 6,4 gegenüber einem Wert von 0,3 im Meerwasser. In Tonen und Tonschiefern liegt das Verhältnis nahe bei eins und im Mittel der magmatischen Gesteine nahe bei zwei.

An Nebenbestandteilen der Kalke, die in den Karbonatmineralen zu erwarten sind, muß man vor allem Sr aber auch die Elemente Mn, Ni, Zn, Pb und Ba nennen. F und P kommen wahrscheinlich in selbständigen Mineralen vor. Es ist schwer, zwischen primären und epigenetischen Gehalten an diesen Elementen zu unterscheiden. Einige Organismengruppen enthalten spezifische Elemente in ihren Karbonatgerüsten, z. B. Echinodermen Cu, Mn (Wedepohl [1955]), Mollusken Mn, Fe (Leutwein, Waskowiak [1962]). Erhöhte Mn-, Pb-, Cu-Gehalte in Globigerinenschalen der Tiefsee sind sehr wahrscheinlich erst während und nach der Sedimentation aufgenommen worden. Die relativ hohen Ba-Konzentrationen im Tiefseeton decken sich mit den Gebieten erheblicher organischer Produktion (Goldberg, Arrhenius [1958]). Diese Zufuhr stammt aber eher aus der organischen Substanz als aus den aufgelösten Schalen.

Stehli und Hower (1961) haben ähnlich entstandene rezente und pleistozäne Sedimente und Sedimentgesteine hauptsächlich aus Südflorida miteinander verglichen, um die Auswirkungen der Diagenese auf den Mineralbestand und die chemischen Nebenbestandteile festzustellen. In den rezenten Flachwasser-Kalkschlammen ist die Reihenfolge der Mineralhäufigkeit: Aragonit, Magnesiocalzit, Calzit. In den verfestigten Sedimentgesteinen ähnlichen Bildungsmilieus kommt Calzit häufiger als Aragonit und Magnesiocalzit vor. Während der Diagenese treten erhebliche Verluste an Mg, Sr, Ba und Mn auf, gegenüber denen das System nicht geschlossen ist.

Tabelle 29

Mittelwerte von 345 Kalken (nach Clarke [1924])

SiO_2	5,2	MnO	0,05	K_2O	0,3
TiO_2	0,07	MgO	7,9	H_2O	0,8
Al_2O_3	0,8	CaO	42,6	P_2O_5	0,09
Fe_2O_3 / FeO	0,5	Na_2O	0,05	CO_2	41,6

Das Verhältnis von organogener zu anorganischer Kalkfällung kann in der geologischen Vergangenheit nicht immer so hoch gewesen sein wie heute. Vor der Lebenszeit von Kalkschalern mußte die Kalkfällung ausschließlich im Bereich der höchsten Übersättigung, in den Flachmeeren, erfolgen. Auch die quantitativ bedeutende organogene Produktion ist wahrscheinlich nicht einmal in der jüngeren Erdgeschichte so weitgehend an die küstenfernen Ozeane gebunden gewesen wie heute.

Die *salinaren chemischen Sedimente* bedürfen zu ihrer Bildung erheblich größerer Konzentrationsveränderungen des Meerwassers als die Karbonate. Nach den Löslichkeitsverhältnissen müssen rund 70 % des Wassers zum Ausfallen von Gips und mehr als 90 % des Wassers bis zur Ausscheidung von Steinsalz verdunsten. Vinogradov und Ronov (1956) geben als Mittelwerte für 3700 Sandsteine und 8800 Karbonatgesteine aller Alter auf der russischen Plattform 0,28 bzw. 1,65 % S an. Dieser Schwefel liegt großenteils als Sulfatschwefel vor und gibt einen Anhaltspunkt für die Häufigkeit von Gipsbildung in einem großen Gebiet. Marine Salzlagerstätten enthalten die Salzminerale meist nicht in den Proportionen der Meerwasserzusammensetzung (Tabelle 22). Neue Zuflüsse vom Ozean unterbrechen oder verlängern einen Eindunstungszyklus in einer Salzlagune. Dieser Zufluß erfolgt mit großer Wahrscheinlichkeit während der Ausscheidung der am wenigsten löslichen und der häufigsten Bestandteile des Meerwassers. Gemessen an K-Mg-Verbindungen sind die Anteile von Karbonaten, Gips und Steinsalz an marinen Salzlagern hoch. Nach den Meerwasserproportionen kommen auf 100 Gewichts-Teile NaCl: 0,8 Teile $CaCO_3$, 4,2 Teile $CaSO_4$, 2,7 Teile KCl, 11,8 Teile $MgCl_2$ und 8,3 Teile $MgSO_4$. Bis zur Ausscheidung der K-Mg-Salze (hauptsächlich: Carnallit [$KMgCl_3 \cdot 6H_2O$], Kieserit [$MgSO_4 \cdot H_2O$], Sylvin [KCl], Polyhalit [$Ca_2K_2Mg(SO_4) \cdot 2H_2O$] und Kainit [$KMgClSO_4 \cdot 2.75\, H_2O$] muß das Ozeanwasser auf weniger als 2 % der Ausgangsmasse eingedunstet sein. Im Staßfurter Lager ist z. B. nur ein Viertel der bei einmaliger Eindunstung eines Meerwasservolumens anfallenden Mg-K-Salze vorhanden (bezogen auf 100 Teile NaCl). Alle Salzlager mit Mächtigkeiten von mehreren Metern erfordern wegen der sonst unwahrscheinlichen Beckentiefen Zuflüsse während der Salzausscheidung. Braitsch (1963) hat auf die Veränderung der Meerwasserzusammensetzung durch Mg-Verlust bei frühdiagenetischer Dolomitbildung in den küstennahen Beckenzonen hingewiesen. Das komplexe Bild der Salzausscheidung aus verschiedenartigen Meerwasser-Konzentraten wird noch mannigfaltiger durch mögliche Zuflüsse von Metamorphoselösungen und von wiederaufgelösten Salzsedimenten.

Einzelheiten der komplexen Lösungsgleichgewichte und der mineralparagenetischen Varietäten der salinaren chemischen Sedimente können hier nicht diskutiert werden. Die systematische Untersuchung der Lösungsgleichgewichte begann mit den experimentellen Arbeiten von van't Hoff (1896—1912) und wurde fortgesetzt von Jänecke (1923). Problematik und Fortschritte der genetischen Überlegungen wurden zusammenfassend von Waljaschko (1958), Borchert (1959) und Braitsch (1962) dargestellt.

Die Ozeane sind die Sammelbecken für das bei der Verwitterung freiwerdende Natrium ($1{,}55 \cdot 10^{16}$ t Na). Im Gegensatz zu den anderen Elementen der chemischen Verwitterung werden dem Gewässerkreislauf nur relativ geringe Mengen Natrium zur Gesteinsbildung entzogen. Nach den Schätzungen von Braitsch (1963) befindet sich allerdings mehr als ein Zehntel der Natriummenge der Sedimentgesteine in den Salzlagerstätten.

Der andere Weg des Natriumentzugs aus dem Meerwasser erfolgt durch den Einschluß von *Porenwasser* in den Sedimenten. Unverfestigte Ozeansedimente enthalten mehr als 1 % NaCl. Verfestigte Tongesteine haben ein viel geringeres Porenvolumen und Salzgehalte in der Größenordnung von zehntel Prozenten. Die Porosität von Lias-α-Tonen in Nordwestdeutschland nimmt z. B. bis in 4 km Tiefe von 40 % auf 1—2 % ab (von Engelhardt [1961]).

Die Zusammensetzung der Porenlösungen unterscheidet sich im allgemeinen stark von der des Meerwassers obwohl sie bei marinen Sedimenten primär aus Meerwasser bestand (von Engelhardt [1960]). Die Wechselwirkung mit dem Sedimentgestein führt bei den Anionen zu einer relativen Anreicherung des Cl^- von 90 auf mehr als 99 Äquivalentprozent. Die primären Sulfatgehalte werden großenteils bakteriell zu Sulfid reduziert und diese durch Eisenoxyde fixiert. In den Kationen findet im Verlauf der Diagenese der Trägergesteine meist eine relative Verarmung an Mg^{2+} und Anreicherung an Ca^{2+} statt. Diese Stoffverschiebung ist am besten durch die den Beobachtungen entsprechende Neubildung von Dolomit (und von Chlorit) zu erklären.

Der Abnahme des Porenvolumens mit der Versenkung und Verfestigung der Gesteine gehen sowohl Konzentrationsvergrößerungen der Porenlösungen (Ionen-Filterpresse) als auch Verluste an Salzen parallel. Die Salzverluste der Sedimente werden sehr wahrscheinlich dem Gewässerkreislauf wieder zugeführt, weil sie hauptsächlich nahe der Erdoberfläche eintreten.

Biogeochemie

Von den rund $1{,}5 \cdot 10^6$ Arten von Lebewesen auf der Erde existieren etwa $2{,}5 \cdot 10^5$ im Meer. Unter ihnen befinden sich die kleinsten und größten: Bakterien und Blauwale. Das Meerwasser ist an Masse lebender organischer Substanz, die es beherbergt, weit wichtiger als an Artenzahl. Im Meerwasser hat die Entstehung lebender Substanz und die Entwicklung vieler Stämme der Organismen begonnen. Die Überlegungen von Oparin (1957) und Miller, Urey (1959) und die Experimente von Miller (1953, 1955) weisen darauf hin, daß die Entstehung der zu den ersten Organismen notwendigen Eiweißverbindungen sehr wahrscheinlich nur unter Ausschluß von freiem Sauerstoff möglich war. Damit sollte der Beginn des Lebens auf der Erde an das frühe Präcambrium gebunden sein, in dem die Atmosphäre aus kosmischen und primär magmatischen Gasen bestand (s. Kapitel "Magmatogene Gasförderung"). Sauerstoff hat sich erst durch photochemische Wasserdissoziation in der höheren Atmosphäre und organische Assimilation gebildet. Bis zur Entwicklung von freiem Sauerstoff mußte eine große Masse primärer Gase und bei der Verwitterung freigesetzten Eisens (Fe^{2+}) oxydiert werden. Der freie Sauerstoff ist aber wahrscheinlich zur Abschirmung der kurzwelligen Strahlung der Sonnenenergie nötig gewesen, ehe sich die Organismen außerhalb des Wassers weiterentwickeln konnten.

Am Anfang eines marinen biogenen Kreislaufs verschiedener Elemente steht die *Primärproduktion* pflanzlichen *Planktons* durch Assimilation in den Oberflächenschichten der Ozeane. Die Primärproduktion erreicht insgesamt 400 g C/m^2 Jahr in den an Nährstoffen reichen Teilen der Weltmeere und sinkt unter 50 g C/m^2 Jahr in den für das Leben ungünstigeren Gebieten der Ozeane. Die Nährstoff-begünstigten Zonen ziehen sich vor allem an den Kontinenten entlang. Insgesamt wird die jährliche organische Produktion in den Ozeanen auf 10^{12}—10^{13} t entsprechend 10^{10}—10^{11} t C geschätzt. Da das Meerwasser fast überall bis zum Boden freien Sauerstoff enthält, gelangt nur ein Teil der abgestorbenen Organismen mit ihren gegen Oxydation resistentesten Bestandteilen in das Sediment, im Mittel wahrscheinlich weniger als 1 ‰ der Primärproduktion. Als sehr günstigen Fall von Erhaltung muß man das von Oppenheimer (1960) beschriebene Beispiel von Lagunen am Golf von Mexico ansehen, in denen 5 % der Primärproduktion im Sediment eingebettet werden. Die Zersetzung geht vielfach über den Stoffwechsel aerober Bakterien. Die Organismen reproduzieren sich sehr schnell. Weniger als die jährliche Primärproduktion ist ständig lebend vorhanden (Biomasse).

Im Mittel enthalten Tonschiefer als häufigste Sedimentgesteine 0,5—0,6 % C (Ronov [1958] u. a.), insge-

samt etwa $6 \cdot 10^{15}$ t C. Der Inhalt der Öl- und Kohlelagerstätten wird auf rund 10^{13} t C geschätzt. Eine derartige Schätzung hängt von der Definition „Lagerstätte" und vom Stand der Exploration ab. Die Menge Kohlenstoff, die der Mensch jährlich als Kohle oder Öl verbrennt, ist mit $1{,}6 \cdot 10^{9}$ t größer als die gleichzeitig durch Sedimentbildung dem Gewässerkreislauf entzogene Masse.
Als die drei wichtigsten Stoffgruppen, aus denen die Weichteile der Organismen aufgebaut sind, muß man neben Wasser die Kohlehydrate, Eiweiße und Fette ansehen. Die Fettgehalte von Algen, von niederen und von höheren Wirbellosen liegen in der Größenordnung von wenigen bis fünfzehn Prozent. Im Verhältnis von Kohlehydraten und Eiweißen als Hauptbestandteilen stellt man größere Unterschiede fest. Algen enthalten 30—50 % Proteine. Bei den Wirbellosen herrschen oft die Eiweißstoffe in der Größenordnung von 60—70 % vor. Das Plankton des Schwarzen Meeres besteht zu 50 % aus Eiweiß und zu 10 % aus Fett. Tabelle 30 enthält Beispiele der Elementarzusammensetzung der organischen Substanzen, häufiger Organismen und ihrer Rückstände in Sedimenten, Kohle, Rohöl usw.

Aus Tabelle 30 gehen die epigenetischen Umbildungen geologisch wichtiger Substanzen hervor. Die Prozesse unter den p-T-Bedingungen der Sedimentüberdeckung führen zur relativen Kohlenstoff-Anreicherung (Inkohlung bei Kohlen), zum Sauerstoff-Verlust (Dekarboxylierung) und zur Abspaltung von Kohlenwasserstoffen. Diese Vorgänge lassen sich durch die Bestandteile C-H-O im Dreiecksdiagramm übersichtlich darstellen (Abb. 22), wenn man Atomprozente aufträgt. Der Eiweiß-Stickstoff kann dabei allerdings nicht berücksichtigt werden.
Die unterschiedliche Zersetzbarkeit der einzelnen Bestandteile der Organismen durch Luftsauerstoff und Bakterien führt zu Stoffverschiebungen innerhalb der

Tabelle 30

Gew.-%	C	O	H	N	P	S
Kohlehydrate (1)	44	49	6,2			
Zellulose	40	53	6,7			
Eiweiße (1)	51	22	6,9	18	0,7	0,8
Fette (1)	69	18	10	0,6	2,1	0,3
Marines Plankton (4)	50	31	8,4	11	(1)	
Perideneen (Weichteile) (2)	45	45	7	3		
Diatomeen (Weichteile) (2)	50	36	8	6		
Organische Substanz in rezenten marinen Sedimenten (2)	56	30	8	6		
Organische Substanz in Sedimentgesteinen (2)	64	23	9	4		
Erdöl (3)	79—89		9—15			0,01—5,5
Torf	50—65	28—45	6—6,5			
Braunkohle (Matt-) (5)	65—71	22—28	5,8—6			
Braunkohle (Glanz-) (5)	71—78	16—22	5,5—5,8			
Steinkohle (schwach inkohlt) (5)	77—87	5,5—16	5—6			
Steinkohle (stark inkohlt) (5)	87—91	2,5—5,5	4—5			

Literatur zu Tabelle 30:

1) Sverdrup, Johnson, Fleming (1949)
2) Trask (1939)
3) Krejci-Graf (1960)
4) Krejci-Graf (1963)
5) Patteisky, Teichmüller (1960)

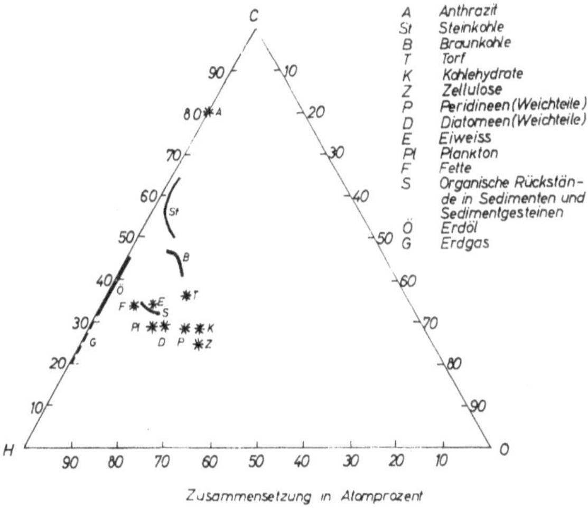

Abb. 22. Die Zusammensetzung geologisch wichtiger organischer Verbindungen im Diagramm C-H-O.

chemischen Hauptkomponenten. Bakterien finden praktisch im gesamten natürlichen p_H-E_h-Bereich Lebensbedingungen. Sie zersetzen viele organische Substanzen in einer Produktivität, die von anderen Organismen nicht erreicht wird. Kohlehydrate vergären in Sauerstoffgegenwart. Zellulose zersetzt sich leichter als Lignin. Lignin ist ein Phenol-ähnliches, aromatisches Polymerisationsprodukt. Es kommt besonders in Landpflanzen und nicht in niederen Wasserpflanzen vor. Lignin zersetzt sich zu Huminen. Kohlen sollen sich hauptsächlich aus Lignin bilden (Breger [1958]). Eiweiße werden in Sauerstoffgegenwart meist völlig zu gasförmigen Komponenten (H_2O, CO_2, NH_3, H_2S und CH_4) abgebaut. Fette sind Glycerin-Ester mit höheren und mittleren Karbonsäuren. Die Zersetzung von Aminosäuren und Fett kann zu Fettsäuren führen.

Nach Abelson, Parker (1962) werden die Fettsäuren des toten Phytoplanktons zu hochmolekularem Kerogen gebunden, das beim Erhitzen Kohlenwasserstoffe abgibt. Harze und Wachse (Ester höherer Karbonsäuren mit Alkohol) sind gegen Zersetzung und Bakterieneinwirkung sehr widerstandsfähig. Diesen beständigen Verbindungsgruppen stehen als unbeständigste das Protoplasma und die anderen Eiweiße gegenüber. Die leichte Zersetzbarkeit des Eiweiß führt zu starker Veränderung des primären C/N-Verhältnisses bei Eiweiß-reichen Organismen-Rückständen. Nur unter anaeroben Bedingungen kann das primäre C/N-Verhältnis u. U. erhalten bleiben (Sapropel). Kohlenwasserstoffe kommen auch schon in rezenten Sedimenten vor, allerdings nur als sehr kleiner Anteil an der gesamten organischen Substanz (z. B. Kalifornische Küste: Anteil $< 0{,}001$). Eine Konzentrierung kann adsorptiv an den Tonmineralen während der Diagenese eintreten.

Abelson (1957, 1959, 1963) hat sich mit der Beständigkeit organogener Verbindungen oder Zersetzungsprodukte in Gesteinen unterschiedlichen geologischen Alters befaßt. Er konnte z. B. Aminosäuren in devonischen Fischresten papierchromatographisch nachweisen und zeigen, daß bestimmte Porphyrine und Paraffine bei Temperaturen unter 125 °C 10^9 Jahre lang erhalten bleiben. Besonders günstig zur Erhaltung sind anaerobe Bedingungen. Treibs (1936) isolierte Porphyrine aus vielen Sedimentgesteinen bis zu cambrischem Alter. Er vermutete die Umbildung von Chlorophyll (Mg-Komplex) zu anderen Porphyrinen im Sediment. Inzwischen konnten mehrere dieser Reaktionen nachgewiesen werden (Hodgson u. a. [1960, 1961]). So entstehen u. a. Porphyrine, die stabile Komplexe mit V und Ni als Zentralatom bilden. Die relative Anreicherung dieser Elemente geht in bituminösen Sedimenten und Rohöl also offenbar auf eine sekundäre Extraktion zurück.

Die primären Gehalte von marinen Organismen (Tab. 31) an V, Ni und anderen Elementen sind — wie schon beschrieben — relativ niedrig. Mit ihnen kann man nicht die regelmäßig hohen, in extremen Fällen bis zu zehntel Prozenten des Sedimentes reichenden Konzentrationen in bituminösen Gesteinen (Abb. 18) erklären. Rohöle enthalten Vanadium, Nickel (und Kupfer) im Bereich von 0,x—x ppm (Zulfugarly [1960]) bei Aschegehalten in der Größenordnung von 0,01 %. Die Metallkonzentrationen sind je nach Lagerstätte und Herkunft des Öls unterschiedlich. Verglichen mit dem Meerwasser stellen die oben genannten Zn-, Mn- und V-Gehalte der marinen Organismen mehr als tausendfache Anreicherungen dar.

Tabelle 31

Untergeordnete Hauptbestandteile mariner Organismen (Weichteile) nach Webb, Fearon (1937):

0,05—1 Gew.-% K, Mg, Ca, Cl, Na, Fe, Al, Si

Nebenbestandteile mariner Organismen (Weichteile) nach: Noddack [1939], Kalle [1943], Black, Mitchell [1952], Vinogradov [1953], Nicholls u. a. [1959], Fukai u. a. [1959, 1962], Ishibashi u. a. [1964] in Gew.-% (Trockengewicht — entspricht ~ 30 % C):

Zn	$8 \cdot 10^{-3}$ — $4{,}5 \cdot 10^{-2}$	Ni	$5 \cdot 10^{-5}$ — $2 \cdot 10^{-3}$
Mn	$4 \cdot 10^{-5}$ — $2 \cdot 10^{-2}$	As	$7 \cdot 10^{-6}$ — 10^{-3}
Cu	10^{-3} — $3 \cdot 10^{-2}$	Sn	10^{-4} — $8 \cdot 10^{-4}$
V	$2 \cdot 10^{-4}$ — $8{,}5 \cdot 10^{-3}$	Co	$5 \cdot 10^{-5}$ — 10^{-3}
B	$9 \cdot 10^{-3}$	Ag	$3 \cdot 10^{-5}$ — $3 \cdot 10^{-4}$
Pb	$8 \cdot 10^{-4}$ — 10^{-2}	Mo	$4 \cdot 10^{-5}$ — $4 \cdot 10^{-4}$
Ti	$4 \cdot 10^{-4}$ — $3 \cdot 10^{-3}$	ferner: Br, J, F	

Auch die Landpflanzen mit ihrem vergleichsweise geringen Anteil an der gesamten organischen Produktion reichern spezifische Nebenbestandteile an.

Pflanzen- und Kohlenaschenanalysen zeigen, daß die Pflanzen B, Ge, Mo, As meist um mehr als den Faktor 100 gegenüber den Bodenbestandteilen konzentrieren (Goldschmidt [1933, 1954], Leutwein, Rösler [1956], Zulfugarly [1960], Zubovic u. a. [1964]). Vanadium wird als typisches Element der marinen Organismen dagegen kaum konzentriert. Aus dem Vorkommen in Kohlen kann man noch nicht unbedingt auf die physiologische Bedeutung bestimmter Elemente schließen. Die Einlagerung von klastischen Sedimentbestandteilen und die epigenetische Lösungszirkulation erhöht unter Umständen die primären Gehalte.

Die physiologische Bedeutung einer Reihe von sogenannten Spurenelementen ist bekannt, von anderen muß man sie vermuten. Kupfer ist ein Bestandteil der Atmungspigmente niederer Organismen (Hämocyanin), Vanadium spielt eine ähnliche Rolle bei Tunicaten und Ascidien, Eisen bei höheren und niederen Tieren (z. B. Hämoglobin), Mangan und Zink sind Bestandteile wichtiger Fermente und Hormone. Zink kommt im Insulin und in komplexen Verbindungen der Netzhaut bestimmter Säugetiere und Fische vor.

Abschließend soll die Aussage von Kohlenstoffisotopen-Analysen über die Herkunft des Kohlenstoffs kurz diskutiert werden. Das Verhältnis der beiden häufigsten Isotope C^{13}/C^{12} ist etwa 0,01. Man bezieht aus meßtechnischen Gründen die Analysenresultate am bequemsten auf einen Standard (Belemnit aus der Kreide in South Carolina)

$$\delta\, C^{13}\,‰ = 1000 \left(\frac{C^{13}/C^{12}\ \text{Probe} - C^{13}/C^{12}\ \text{Standard}}{C^{13}/C^{12}\ \text{Standard}} \right)$$

Alle anderen marinen Karbonate liegen mit ihren δ-Werten nahe bei diesem Standard. Die Karbonate enthalten etwas schwereren Kohlenstoff als das CO_2 der Atmosphäre. Das atmosphärische CO_2 hat δ-Werte von $-7{,}4$ bis $-9{,}9$. Die marinen Pflanzen enthalten meist leichteren Kohlenstoff als die Luft (δ − 5,7 bis − 17,0). Ähnlich muß auch der Kohlenstoff der marinen Tiere zusammengesetzt sein, die vom Phytoplankton leben. Die Landpflanzen enthalten noch leichteres C (δ − 20 bis − 32), entsprechend auch die Kohlen (δ − 22 bis − 27). Das Rohöl hat häufig Werte zwischen δ − 27 und δ − 30. Daraus darf man nicht ohne Kenntnis der Zwischenprodukte den Schluß ziehen, daß sich das Öl aus Landpflanzen bildet. Abelson und Hoering (1960) haben an Algen die Isotopenfraktionierung innerhalb der Hauptbestandteile untersucht und festgestellt, daß sich z. B. die δ-Werte von deren Fetten und Aminosäuren um den Wert 7,2 unterscheiden können. Eine Kette von Abbauprodukten primärer organischer Verbindungen kann somit zu erheblichen Fraktionierungsbeträgen gegenüber der Ausgangssubstanz führen.

Die Gesteinsmetamorphose

Die Bestandteile der Gesteine können außerhalb des Temperatur- und Druckbereiches ihrer Bildung im festen Zustand zu neuen spezifischen Mineralparagenesen reagieren. Die notwendigen Temperaturen liegen über denen der Sedimentbildung und Diagenese und unter den Bedingungen des anatektischen Schmelzens. Die Drucke sind von der Tiefenlage in der Erdkruste abhängig. Aus Abb. 6 geht hervor, daß die Drucke durch überlagerndes Gestein bis zur Mohorovičić-Diskontinuität in den Kontinenten auf mittlere Werte von ~ 10^1 atm ansteigen. Schubkräfte orogener Bewegungen können der ständig wirkenden Gesteinslast einen gerichteten Druck überlagern. Nach Birch (1955) liegt das Maximum der positiv oder negativ wirkenden zusätzlichen Komponente bei 4/3 der Scherbelastbarkeit des Materials. Die Durchbewegung der Gesteine während der Orogenese erhöht die Reaktionsgeschwindigkeit.

Die *Diagenese* wird trotz interner Stoffverschiebungen nicht zur Metamorphose gerechnet weil sich während der Verfestigung der Sedimente zu Gesteinen keine typischen Mineralgesellschaften bilden. Es ist bei feinkörnigen Gesteinen nicht immer einfach, diagenetisch neugebildete Minerale von den detritischen Bestandteilen der Sedimente zu unterscheiden. Die Grenzbedingungen zur Metamorphose lassen sich wegen der Verringerung der Reaktionsgeschwindigkeit mit abnehmender Temperatur bei silikatischen Gesteinen nicht leicht ermitteln. Die Einstellung von Gleichgewichten verläuft entsprechend langsam. Nicht in jedem Gestein brauchen sich bei niedrigen Metamorphosegraden von der Diagenese unterschiedliche Minerale zu bilden, die als Produkt einer Metamorphose erkennbar sind.

Bei reaktionsfreudigeren Systemen, wie denen der Salze und der organischen Verbindungen, liegt die Grenze zwischen Diagenese und Metamorphose bei niedrigeren Temperaturen als bei den silikatischen Gesteinen.

In den letzten Jahren ist durch die Entwicklung von Hochdruckapparaturen fast der gesamte p-T-Bereich der Gesteinsmetamorphose für experimentelle Reaktionen zugänglich geworden. Die Beschränkung auf kleine Reaktionsgefäße erlaubt zur Phasenanalyse allerdings meist nur röntgenographische Methoden.

Man unterscheidet die lokale und statische *Kontaktmetamorphose* in der Umgebung der magmatischen Intrusionen von der weiträumigen Regionalmetamorphose. Die Temperaturgradienten der Kontaktmetamorphose sind meist steil. Die Zone zwischen der magmatischen Intrusion und dem Sedimentgestein ohne typisch metamorphe Minerale ist gewöhnlich nur wenige Kilometer breit. Kürzlich wurde im Thermalgebiet des Salton Sea in Kalifornien in Oberflächennähe ein Gradient von 200 °C/km gemessen. Die Temperatur am Kontakt hängt von der Art des

Magmas und der Tiefenlage der Intrusion ab. Granitische Schmelzen werden meist mit Temperaturen um 700 °C intrudieren, die Verfestigung basaltisch-gabbroider Magmen beginnt bei rund 1150 °C. Jäger (1957) hat abgeschätzt, daß die Temperatur am Kontakt etwa 60 % der Schmelztemperatur ausmacht, erhöht um die jeweilige geothermische Tiefenstufe des Nebengesteins. Der Temperaturabfall, die Größe der Kontaktaureolen und die Zeit bis zum Abklingen der Thermometamorphose hängen von der Größe des Intrusionskörpers ab. Die Kontaktmetamorphose beschränkt sich auf die oberen Kilometer der Erdkruste, also auf Bereiche relativ niedrigen Druckes. Sie kann mit Stoffaustausch verbunden sein.

In Kontaktnähe ändert sich die chemische Zusammensetzung des Nebengesteins. Dieser *Metasomatose* genannte Stoffaustausch wird durch die in den Schmelzen gelösten Gase vermittelt, die bei der Abkühlung frei werden. Der magmatogene Gastransport ist bereits in einem gesonderten Kapitel besprochen worden. Wasserdampf und CO_2, aber auch HCl und HF entweichen in das Nebengestein der Intrusion. Sie werden dabei gelöste Stoffe absetzen, sobald Übersättigung eintritt, oder mit Bestandteilen des Nebengesteins reagieren. Je nach Temperaturkoeffizient der Löslichkeit werden Stoffe in der einen oder anderen Richtung im Wärmegradienten wandern. Orville (1964) untersuchte die für den metasomatischen Transport besonders wichtigen Gleichgewichte zwischen Feldspäten und wässeriger Dampfphase. Es besteht z. B. bei 700 °C und 2000 atm keine lineare Beziehung zwischen dem K/Na + K-Verhältnis im Alkalifeldspat und dem Wasserdampf darüber. Der Anteil des Kaliums an den Alkalien in der Gasphase ist über intermediären Alkalifeldspäten wesentlich kleiner als 50 %, steigt aber bei Kalium-reichen Alkalifeldspäten dann zu höheren Werten an, als der Zusammensetzung des Bodenkörpers entspricht. Der Gastransport von Nebenbestandteilen der Schmelze kann zu bedeutenden Konzentraten im exogenen Kontakt führen, wenn diese in der Schmelze zu Verbindungen niedrigen Dampfdruckes reagieren (z. B. Silizium-, Eisen-, Blei-, Zinn-Halogenverbindungen). Eine häufig zitierte Untersuchung der Kontaktmetamorphose mit Metasomatose hat Goldschmidt (1912) im Oslogebiet durchgeführt. Als metasomatische Produkte haben sich dort z. B. in Kalken am Nordmarkit-Kontakt Andradit-Skarne gebildet. Shaw und Mitarbeiter (1963) zeigten an Grenville-Skarnen in Kanada, daß bei der Metasomatose CO_2, Cl, SO_4^{2-}, F, B, Be und Li, oft aber auch P, Ga, Mn, Y, Seltene Erden, U und Th transportiert wurden. Evans (1964) hat kürzlich ein interessantes Beispiel von Kontaktmetamorphose im Konzentrationsbereich der chemischen Nebenbestandteile untersucht. In Connemara (Irland) haben peridotitisch-gabbroide Intrusionen ehemals pelitische Sedimentgesteine über alle Grade der Kontaktmetamorphose örtlich aufgeschmolzen. Am stärksten wurden dabei Nebengesteins-Einschlüsse metasomatisch verändert. Ihre Metasomatose ist durch Stoffverluste gekennzeichnet. Neben Si, Al und H_2O gingen vor allem die Alkalien K, Na, Rb, Li, Cs, aber auch Ba, Sr und Seltene Erden sowie Zr und Mn aus den ehemals tonigen Gesteinen verloren. Durch diese Mobilisation wurden Mg, Fe und Ti und mit ihnen Co, Ni, Cr, V und Ga im Rückstand relativ angereichert. Der Stoffbestand der Einschlüsse paßte sich damit mehr dem der gabbroiden Intrusionen an. Die Gruppe der mobilisierten Elemente ist auch von spezifischen Anreicherungen in Alkaligesteinen und Pegmatiten her bekannt.

Durch metasomatischen Stoffumsatz können sowohl aus Karbonatgesteinen wie aus Peridotiten Serpentinmassen entstehen. Faust u. a. (1956, 1962) zeigten, daß bestimmte Nebenbestandteile der praeexistenten Gesteine im Serpentin Spuren hinterlassen haben. Relativ hohe Cr- und Ni-Gehalte und erhöhte Co-Konzentrationen sind spezifisch für die Umbildungsprodukte von peridotitischen Gesteinen (Abb. 13). Bei dieser Serpentinbildung wird ein Teil des Mg-Gehaltes, aber nicht das Ni des Olivins mobilisiert. Untersuchungen von Skarngesteinen und anderen Kontaktprodukten bestätigen, daß Ni und Cr in metasomatischen Prozessen praktisch nicht transportiert werden (Kretz [1960], Fröhlich [1960], Turekian, Carr [1960], Shaw u. a. [1963]). Karbonatgesteine enthalten gewöhnlich <10 ppm Ni, Cr, so daß sich diese als Ausgangsmaterial bei einem metasomatischen Stoffumsatz oder bei Assimilation leicht von basaltisch-peridotitischen Reaktionspartnern unterscheiden lassen. Dieses Beispiel zeigt erneut die Bedeutung der chemischen Nebenkomponenten für die Untersuchung der Herkunft von Gesteinsbestandteilen.

Der Stoffumsatz des offenen Systems ist in Gleichgewichtsüberlegungen schwer zu erfassen. Trotz der Möglichkeit des Gastransports im steilen Temperaturgradienten verlaufen viele Reaktionen der Thermometamorphose weitgehend isochemisch. Schwierigkeiten macht bei der thermodynamischen Erfassung der Reaktionsbedingungen der Partialdruck der beiden wichtigsten mobilen Komponenten H_2O und CO_2.

Eine für die Aufklärung der Bildungsbedingungen entscheidende Einteilung der metamorphen Gesteine formulierte Eskola (1915) als das Fazies-Konzept. Eine *metamorphe Fazies* enthält je nach Ausgangsgestein bestimmte Mineralparagenesen, die sich unter den entsprechenden Bedingungen von Druck und Temperatur immer wieder einstellen, wenn die Reaktionsmöglichkeit zum Erreichen von Gleichgewichten gegeben ist. Die bei gleicher chemischer Zusammensetzung aber unterschiedlichen Drucken stabilen Reaktionsprodukte einer Fazies nennt man in der neueren Literatur eine Subfazies. In den letzten Jahren haben zahlreiche Geländebeobachtungen und experimentelle Befunde die Aufgliederung des Druck- und Temperaturgebietes der Gesteinsmetamorphose ermöglicht (Fyfe, Turner, Verhoogen [1958], Turner, Verhoogen [1960], Winkler [1965] u. a.). Eskola machte den Vorschlag, die Mineralparagenesen nach den Atomproportionen einiger ihrer chemischen Hauptbestandteile in Dreiecksdiagrammen graphisch darzustellen. In Tabelle 13 sind Si, Al, Fe, Ca, K, Na und Mg nach Sauerstoff die wichtigsten Elemente in den silikatischen Bestandteilen der oberen Erdkruste. Si ist in vielen Gesteinen, die der Metamorphose verfallen sind, im Überschuß vorhanden. Dieses Element kann also unter der Bedingung des Überschusses in der graphischen Darstellung vernachlässigt werden. Es bleiben 6 Komponenten. Wegen des häufigen gegenseitigen isomorphen Ersatzes werden Mg und Fe^{2+} sowie Al und Fe^{3+} zusammengefaßt. Die wichtigste Darstellung ist das ACF-Diagramm. In ihm sind bis auf die Akzessorien die durch ihre Al^{3+}-, Fe^{3+}-Anteile (ausschließlich der in Alkalimineralien gebundenen Aluminiumgehalte) als „A", ihre Ca-Werte als „C" und ihre Mg-, Fe-, Mn-Atomprozente als „F" repräsentierten Minerale einer Fazies vertreten. Das AKF-Diagramm berücksichtigt auch die Kaliumminerale.

Die Mineralreaktionen (ohne Stoffaustausch) lassen sich im Bereich des Kontakts einer magmatischen Intrusion in drei Fazieszonen gliedern, deren Minerale in Tabelle 32 aufgeführt worden sind: Albit-Epidot-Hornfelsfazies, Hornblende-Hornfelsfazies, Pyroxen-Hornfelsfazies. Die Ausbildung typischer Minerale oder Mineralgesellschaften ist am wahrscheinlichsten bei komplex zusammengesetzten Ausgangsgesteinen. Ein reiner Kalk oder Quarzsand kann nach der Metamorphose nur aus Calzit oder Quarz bestehen. Erst unter den außergewöhnlichen Bedingungen von z. B. 10 000 atm und 400 °C entsteht aus Calzit der Aragonit (Jamieson [1953], Clarke [1957] u. a.) und unter der hohen Temperatur von mindestens 850 °C bei

Tabelle 32

Minerale der metamorphen Gesteine

A: der Kontaktmetamorphose B: der Regionalmetamorphose

Reihenfolge der Faziesbereiche unter steigenden p-T-Bedingungen; kursiv gedruckte Minerale kommen in A oder B nur in einer Fazies vor.

A: KONTAKTMETAMORPHOSE

Albit-Epidot-Hornfels-fazies	*Albit* *Zoisit/Epidot* $Ca_2Al_3O [Si_2O_7] [SiO_4] (OH)$/ $Ca_2Fe^{3+}Al_2O [Si_2O_7] [SiO_4] (OH)$ *Aktinolith*-Tremolit $Ca_2Mg_5 [Si_8O_{22}] (OH)_2$ *Chlorit* (s. Tabelle 24 und 25) *Pyrophyllit* $Al_2 [Si_4O_{10}] (OH)_2$ Calzit Quarz Muskovit Biotit Kalifeldspat
Hornblende-Hornfels-fazies	Plagioklas Grossular-Andradit $Ca_3Al_2 [Si_3O_{12}]$ – $Ca_3 (Fe^{3+}Ti)_2 [Si_3O_{12}]$

	Tremolit Diopsid *Hornblende* Ca, Na, K_{2-3} (Mg, Fe^{2+}, Fe^{3+}, Al)$_5$ [Si_6 (Si, Al)$_2$ O_{22}] (OH, F)$_2$ *Anthophyllit*-Cummingtonit (Mg, Fe^{2+})$_7$ [Si_8O_{22}] (OH)$_2$ Cordierit Al_3 (Mg, Fe^{2+})$_2$ [Si_5AlO_{18}] Andalusit Al_2O [SiO_4] Wollastonit Ca [SiO_3] Calzit Quarz Muskovit Biotit Kalifeldspat
Pyroxen-Hornfelsfazies	Plagioklas Grossular-Andradit Diopsid *Enstatit-Hypersthen* *Vesuvian* Ca_{10} (Mg, Fe^{2+})$_2$ Al_4 [Si_2O_7]$_2$ [SiO_4]$_5$ (OH, F)$_4$ Cordierit Andalusit / *Sillimanit* Wollastonit Quarz

	Orthoklas Biotit *Olivin* Periklas MgO

B: REGIONALMETAMORPHOSE

Grün-schiefer-fazies	*Albit* (Oligoklas / Andesin) *Pyrophyllit* *Andalusit* Epidot / Zoisit *Chloritoid* $(Fe^{2+}, Mg, Mn)_2 (Al, Fe^{3+}) Al_3O_2 [SiO_4]_2 (OH)_4$ Almandin-Spessartin $(Fe^{2+}, Mn)_3 Al_2 [Si_3O_{12}]$
	Chlorit *Serpentin* Tremolit / *Aktinolith* Hornblende *Talk* $Mg_3 [Si_4O_{10}] (OH)_2$ Vesuvian *Magnesit* *Dolomit* Calzit Biotit

	Stilpnomelan (K, Na, Ca)$_{0-1,4}$(Fe^{3+}, Fe^{2+}, Mg, Al, Mn)$_{5,9-8,2}$ [Si$_8$O$_{20}$] (OH)$_4$ (O, OH, H$_2$O)$_{3,6-8,5}$ Paragonit NaAl$_2$ [Si$_3$AlO$_{10}$] (OH)$_2$ Muskowit Mikroklin Quarz Titanit CaTi [SiO$_4$] (OH, F, O)
Amphibolit-fazies	Andesin / (Ca-reichere Plagioklase) Disthen / Sillimanit Zoisit / Epidot *Grossular-Andradit* *(Wollastonit)* Calzit Vesuvian Diopsid Hornblende Tremolit *Anthophyllit* / *Cummingtonit* (Fe^{2+} > Mg) / *Gedrit* (Al, Fe^{3+}-haltig) *Olivin* Almandin-reicher Granat Staurolith (Fe^{2+}, Mg)$_2$ (Al, Fe^{3+})$_9$O$_6$ [SiO$_4$]$_4$ (O, OH)$_2$ Cordierit

	Paragonit $NaAl_2[Si_3AlO_{10}](OH)_2$ Muskowit Biotit Mikroklin / Orthoklas Titanit Quarz
Granulit-fazies	Plagioklas Skapolith $(Na, Ca, K)_4[Al_3(Al, Si)_3Si_6O_{24}]$ (Cl, F, OH, CO_3, SO_4) Disthen / Sillimanit Hornblende Diopsid *Bronzit-Hypersthen* Biotit Granat (Pyrop $Mg_3Al_2[Si_3O_{12}]$-Almandin $Fe_3^{2+}Al_2[Si_3O_{12}]$ (Cordierit) *Spinelle* Orthoklas Rutil Ilmenit Quarz Calzit

Eklogit-fazies	*Omphazit* (Diopsid mit Jadeit-Komponente) *Granat* (*Pyrop*-Almandin-Grossular) Disthen Rutil
Hochdruck-Tieftemperatur-Fazies	*Pumpellyit* $Ca_4(Mg, Fe^{2+}, Mn)(Al, Fe^{3+}, Ti)_5, O(OH)_3[Si_2O_7]_2[SiO_4]_2 \cdot 2H_2O$ *Lawsonit* $CaAl_2(OH)_2[Si_2O_7]H_2O$ *Glaukophan* $Na_2(Mg, Fe^{2+})_3(Al, Fe^{3+})_2[Si_8O_{22}](OH)_2$ / Crossit (Ca-haltig) Diopsid (mit Jadeit-Komponente) Granat Chlorit *Phengit* (Si-reicher Serizit) Quarz *Aragonit*

Normaldruck aus Quarz der Tridymit. — Einige Minerale der unter relativ hohen Temperaturen entstandenen Paragenesen sind spezifisch für metamorphe Bildungen: Pyrophyllit, Tremolit, Andalusit, Cordierit, Grossular, Anthophyllit, Vesuvian, Sillimanit, Wollastonit u. a. Bei den hohen Temperaturen, denen Einschlüsse in gabbroiden Schmelzen unterworfen sind, entstehen die Paragenesen einer vierten Fazies der Kontaktmetamorphose, der Sanidinitfazies.

Die *Regionalmetamorphose* kann in ihren hochtemperierten Bereichen ähnliche Auswirkungen haben wie die Kontaktmetamorphose. Es sind sehr unterschiedliche Druck-Temperatur-Kombinationen innerhalb dieser große Gesteinsmassen erfassenden Art von Metamorphose möglich. Ihr Auftreten im Zusammenhang mit Gebirgsbildungen läßt gemeinsame Ursachen vermuten, die sehr wahrscheinlich im Erdmantel liegen. Schmale Zonen mit Gesteinen gleicher metamorpher Beanspruchung müssen auf steile Wärmegradienten zurückgehen (Wärmedome). Die Schubkräfte der Gebirgsbewegung haben die Drucke erheblich erhöht, so daß man die Tiefenlage der Metamorphose-Vorgänge aus dem Vergleich mit experimentellen Daten oft überschätzt.

Am häufigsten sind metamorphe Gesteine, die aus Mineralreaktionen im Bereich von 400 ° bis 650 °C entstanden sind. Über diesen Temperaturen bilden sich, je nach verfügbarem Wasser und chemischer Ähnlichkeit der Ausgangsgesteine mit Graniten oder Granodioriten, kleinere oder größere Mengen anatektischer Schmelzen (Migmatite). Über dem niedrigst möglichen Temperaturbereich von Schmelzbildung können nur dem Granit chemisch unähnliche oder praktisch wasserfreie Gesteine metamorph verändert werden. Unter diesen Bedingungen entstehen die Gesteine der Granulitfazies mit rhombischem Pyroxen ohne Glimmer, Amphibol und Hornblende. Eklogite sind nur unter erheblichen Drucken stabil (Yoder, Tilley [1963]), die statisch nur in der tiefen Kruste und im oberen Mantel vorkommen. In der unteren Kruste sind nach den geophysikalischen Untersuchungen Gesteine mit gabbroider chemischer Zusammensetzung zu erwarten (chemische Ähnlichkeit zwischen Gabbros und Eklogiten). Die häufigsten metamorphen Gesteine sind unter den Bedingungen der *Grünschiefer- und der Amphibolitfazies* entstanden (bei flacherem Wärmegradienten: Almandin-Amphibolitfazies, bei steilerem Gradienten: Cordierit-Amphibolitfazies).

Die meisten Gesteine, die der Regionalmetamorphose unterworfen werden, haben eine ACF-Zusammensetzung mit darstellenden Punkten im unteren zentralen Teil des Diagramms. Ohne Berücksichtigung der im ACF-Diagramm nicht darstellbaren Alkaligehalte kann man allerdings von der chemischen Analyse eines Gesteins nicht auf seine ACF-Mineralparagenese in einer bestimmten Fazies schließen. A repräsentiert nur die nicht an Glimmer und Feldspäte gebundene Aluminiummenge. Auch bei der Regionalmetamorphose entstehen spezifische Minerale, die gewöhnlich nicht unter sedimentären und magmatischen Bedingungen gebildet werden: Pumpellyit, Glaukophan, Paragonit, Lawsonit, Chloritoid, Pyrophyllit, Epidot, Stilpnomelan, Vesuvian, Aktinolith-Tremolit, Disthen, Grossular, Andradit, Almandin, Anthophyllit, Cummingtonit, Cordierit, Staurolith, Sillimanit, Wollastonit, Skapolith, Pyrop u. a. Daneben sind Biotit, Kalifeldspat und, mit Ausnahme der höchsten Subfazies, der Amphibolit-Fazies, auch Muskowit fast immer vorhanden. Pumpellyit, Glaukophan, Paragonit, Lawsonit, Chloritoid, Stilpnomelan, Almandin, Staurolith, Pyrop und Disthen fehlen in den Paragenesen der Kontaktmetamorphose. In Tabelle 32 sind die Minerale nach der Faziesgliederung aufgeführt.

Wenige der genannten Minerale kommen nur in einer metamorphen Fazies oder Subfazies vor, und viele sind *Mischkristalle*. Diese Mischkristalle können sich je nach Paragenese in den Hauptbestandteilen unterscheiden. Der häufigste Repräsentant der Mischkristalle ist in den magmatischen und metamorphen Gesteinen der Plagioklas. Mit den p-T-Bedingungen nimmt dessen Ca-Gehalt zu. Er reicht vom Albit in Grünschiefern bis zum Anorthit in der höheren Amphibolitfazies. Bei ansteigendem Metamorphosegrad ändert sich in den Chloriten, Hornblenden, Biotiten, Cordieriten und Granaten die Zusammensetzung zu höherem Mg-Gehalt (Engel, Engel [1960, 1962, 1964]). Der Mn-Gehalt des Granats nimmt in dieser Folge gewöhnlich ab (Engel u. a. [1960], Froese [1963] u. a.). Allgemein verschiebt sich das Fe^{2+}/Fe^{3+}-Verhältnis zu höheren Werten mit ansteigenden p-T-Bedingungen (Shaw [1956] u. a.). Bei hohen Drucken tendieren verschiedene Elemente dazu, Modifikationen mit höherer Koordinationszahl anzustreben. Von den drei $Al_2O\,[SiO_4]$-Modifikationen hat der unter relativ niedrigen Drucken gebildete Andalusit das Al in Fünferkoordination (Thorneley, Taylor [1939]). Beim Sillimanit ist jeweils die Hälfte der Al-Atome von 4 und von 6 Sauerstoff-Atomen umgeben (Hey, Taylor [1931]). Der mit Sillimanit bei etwa gleichen Temperaturen, aber höheren Drucken stabile Disthen enthält das Al nur in Strukturpositionen der Koordinationszahl 6 (Burnham [1963]). In Pyroxenen und anderen Silikaten steigt der Al-Gehalt in den Oktaederstellen der Struktur mit dem Bildungsdruck.

Auch die Gehalte an chemischen Nebenbestandteilen können vom Grad der Metamorphose abhängen. Engel u. a. [1964] bekamen im Druck- und Temperaturgradienten ansteigende Werte von Cr, V, Co, Ni und abnehmende Gehalte an Mn und Zn in Amphibolen der Amphibolite in den Adirondacks. In den letzten Jahren sind zahlreiche Arbeiten über *Verteilungsgleichgewichte* von Haupt- und Nebenbestandteilen auf paragenetische Mineralpaare zur Charakterisierung der Bedingungen der Metamorphose erschienen. Die Verteilung eines Elementes auf zwei gleichzeitig entstehende Mineralstrukturen ist von Temperatur, Druck und — unter Umständen — von anderen Elementen abhängig. Man kann sie graphisch darstellen, indem die Konzentrationen des Elementes in einer Mineralart eines Gesteinsverbandes zu den Gehalten einer anderen Mineralart in Beziehung gesetzt werden. Die Beziehung ist ohne den Einfluß anderer Komponenten linear. Die Steigung der Geraden hängt von Druck oder Temperatur ab. Die Gleichgewichtsverteilung von Mg auf Biotit und Hornblende der Amphibolitfazies ist z. B. als eine Gerade mit der Steigung von etwa 45° darstellbar.

In isochemischen-isobaren Systemen lassen sich mit diesem Verfahren Temperaturen bestimmen und die Einstellung von Gleichgewichten prüfen. Kretz (1959 bis 1964) hält es nach seinen Erfahrungen für unwahrscheinlich, daß Temperaturintervalle von weniger als 100° ermittelt werden können.

Die Regionalmetamorphose verläuft weitgehend *isochemisch*. Der *Stofftransport* beschränkt sich — abgesehen von der im Porenraum frei beweglichen Gaskomponente — auf Entfernungen in der Größenordnung der Mineralkörner. Die Erhaltung von Zonarbau in Gesteinen, die in größerer Erdtiefe gebildet worden sind, schließt eine quantitativ bedeutende Diffusion im festen Zustand aus. Die Dampfdrucke von silikatischen Mineralen sind weit unter dem Schmelzpunkt zu klein, um selbst in geologischen Zeiten den zur Gesteinsumbildung notwendigen Stofftransport zu ermöglichen. Mit großer Wahrscheinlichkeit findet der Transport auf den Kristalloberflächen statt.

Die Bilanzuntersuchungen von Shaw (1954, 1956) an der devonischen Littleton Formation der Appalachen in New Hampshire (USA) zeigen keinen Stofftransport im Gradienten ansteigender Metamorphose von Tonschiefern bis zu Sillimanit-Gneisen. Eine Ausnahme bilden die abnehmenden H_2O- und $CaCO_3$-Gehalte um je etwa 2 % mit zunehmender Intensität der Metamorphose. Engel u. a. (1960) stellten auf der Grundlage ihrer Untersuchungen in den Adirondack-Mountains einen größeren Verlust an H_2O und CO_2, aber auch Stofftransport von Si und K im Temperaturbereich von 500 bis 600 ° fest. In anderem Zusammenhang (1962) erwähnen die gleichen Autoren zusätzliche Verluste an F und Cl. Mehnert (1960) hat sich eingehend mit der Alkalibilanz im Grundgebirge befaßt und ist der Meinung, daß bei der Regionalmetamorphose keine großräumige Stoffverschiebung eintritt. Bisher ist allerdings der relativ hohe Alkaligehalt der Gesteine des tiefen Grundgebirges noch nicht erklärbar.

Shaw hat in seiner oben erwähnten Untersuchung des Stoffumsatzes während der Regionalmetamorphose 12 Nebenbestandteile in seine Bilanz einbezogen. Auch unter diesen sogenannten Spurenelementen herrscht bis auf 2 Ausnahmen Stoffkonstanz. Der Li-Gehalt steigt mit dem Grad der Metamorphose deutlich an, und die Kupferkonzentration fällt ab. In den Adirondack Mountains (Engel u. a. [1960]) sind während der Regionalmetamorphose Ba, B, Pb, Zn und Mn in geringen Mengen fortgeführt worden.

Der Gradient des Wassergehaltes der Gesteine der Erdkruste ist durch Werte von >5 % in Sedimentgesteinen, von 1 bis 2 % in Sillimanit-Gneisen, von 1 % in Graniten und von 0,2 bis 0,6 % in Granuliten gekennzeichnet. Daraus ergibt sich ein Maß für den Wasserumsatz bei der Metamorphose. Das bei Reaktionen von sedimentären Karbonaten zu metamorphen Gesteinen frei werdende CO_2 wird über die Diffusion durch den Porenraum letztlich dem exogenen Kreislauf wieder zugeführt.

An anderer Stelle ist bereits darauf hingewiesen worden, daß der Temperaturbereich der Regionalmetamorphose für Gesteine, die der mittleren Zusammensetzung der oberen Erdkruste nahestehen, durch die *Bildung anatektischer Schmelzen* begrenzt ist. Die Aufschmelzung setzt nicht nur chemische Ähnlichkeit der präexistenten metamorphen Gesteine mit Graniten und Granodioriten voraus, sondern erfordert auch erhebliche Wassermengen. Nur für den Fall der Wassersättigung gilt die in Abb. 6 dargestellte Granit-Schmelzkurve minimaler Schmelztemperatur. Um in etwa 10 km Krustentiefe bei <700 °C Anatexis eintreten zu lassen, muß der Wärmegradient abnorm hoch sein (>50 °/km). Bei normalem Wärmefluß liegt die Zone möglicher Schmelzbildung tiefer als 20 km. Unter den Drucken von 10 km Erdtiefe sind mehr als 6 % Wasser zur Sättigung einer granitischen Schmelze nötig. Ein Gneis oder Glimmerschiefer mit 2 % Wasser kann unter diesen Bedingungen nur zu einem Drittel seiner Masse schmelzen. Auf diese Weise bilden sich sehr wahrscheinlich die *Bändergneise* und *Migmatite* des Grundgebirges mit dünnen Lagen richtungslos körniger Granite neben Gesteinen mit Gneisgefüge. Je höher der Anteil der Schmelzbildung ist, um so mehr weicht die chemische Zusammensetzung des Rückstandes von der der Granite und Granodiorite ab. Man kann abschätzen, daß die Anatexis von Tonschiefern, deren Schmelzmenge vom Natriumgehalt des Ausgangsgesteins bestimmt wird, zu Rückständen gabbroider chemischer Zusammensetzung führt. Während die magmatische Differentiation gabbroider Schmelzen weniger als 10 % granitischer Restschmelzen liefern kann, produziert die eben beschriebene Stoffsonderung der Metamorphose mehr als 10 % „gabbroider Rückstände". Diese Proportionen muß man bei der Diskussion der Entstehung der kontinentalen Erdkruste berücksichtigen, deren Verhältnis Granit / Gabbro zwischen 0,25 und 0,5 liegt.

Kristallchemie

Die kristallchemischen Eigenschaften der Elemente bilden eine wesentliche Grundlage zum Verständnis der Mineralbildung und der Verteilung der chemischen Elemente auf die Mineralphasen bei der Gesteinsbildung. V. M. Goldschmidt hat in seinen klassischen Arbeiten über die Häufigkeit der chemischen Elemente in Mineralen und Gesteinen in Beziehung zur Mineralstruktur kristallochemische Gesetzmäßigkeiten erkannt. Da sich diese Überlegungen hauptsächlich auf *Größe* und Ladung der atomaren Mineralbestandteile beschränken, waren sie besonders anschaulich. Voraussetzung zu Goldschmidts Berechnung des Raumbedarfs von Ionen war von Laues Entdekkung der *Röntgenbeugung* am Kristallgitter und die dadurch ermöglichte Bestimmung von *Kristallstrukturen* häufiger Minerale und einfacher chemischer Verbindungen (W. H. Bragg, W. L. Bragg u. a.)

Die in den ersten Jahrzehnten nach 1912 übliche Strukturbestimmung lieferte nur Abstandswerte von Atom- und Ionenschwerpunkten im Gitter. Heute kann man durch Fourier-Auswertung der Röntgenreflexe Auskunft über die Elektronendichteverteilung des Atom- oder Ionenverbandes im Raum erhalten. Aus dem Abstandswert A-B von Atom- oder Ionenschwerpunkten allein bekommt man noch keine Vorstellung von deren Größe. Dazu muß entweder A oder B aus Messungen anderer größenabhängiger Eigenschaften bekannt sein. Goldschmidt verwendete die aus refraktometrischen Daten von Wasastjerna zu 1,32 und 1,33 Å (Å = 10^{-8} cm) ermittelten Radien des F^- und O^{2-}. Solange eine Vereinfachung ohne Widerspruch zu anderen Beobachtungen bleibt, stellt man sich die Atome und Ionen eines Kristallgitters als weitgehend starre, sich berührende Kugeln vor. Dann lassen sich für Sauerstoff- und Fluorverbindungen aus den geometrischen Beziehungen die Radien berechnen. Die hierdurch bekanntgewordenen Radien können auch als Bezugsystem in Nicht-Sauerstoff- oder Nicht-Fluor-Verbindungen dienen. Abstandsangaben sind heute bis zu günstigenfalls 1 % wahrscheinlichem Fehler möglich.

Die einfachen geometrischen Beziehungen ergeben sich aus der Nachbarschaft der Atome oder Ionen in der Kristallstruktur. Nicht für alle Strukturen ist es leicht, den Begriff des nächsten Nachbarn zu definieren. Die *Koordinationszahl* gibt an, wieviel nächste Nachbarn (bei Komplexen: Liganden) ein zentrales Atom hat. Bei gleicher Größe von zentralem und umgebendem Atom sind maximal 12 Nachbarn möglich. In Silikatstrukturen kommen häufig die Koordinationszahlen 8, 6 und 4 vor. Als Beispiel seien die Koordinationen der chemischen Hauptkomponenten dieser Minerale genannt: Si^{4+} 4; Al^{3+} 4 und 6; Fe^{3+} 4 und 6; Ca^{2+} 6 bis 8; Mg^{2+} 6 bis 8; Na^{+} 6 bis 10; K^{+} 6 bis 12 (Schwerpunkt bei 9). Im Quarz und den Silikaten hat Si Viererkoordination; nur unter extremen Drucken $> 10^4$ atm im Stishovit, nimmt es Sechserkoordination ein. Die Koordinationspolyeder genannten einfachen geometrischen Körper, auf deren Ecken sich die Atome befinden, sind für die Koordinationszahlen 8, 6 und 4: Würfel, Oktaeder und Tetraeder. Die von Goldschmidt berechneten Wirkungsradien gelten für oktaedrische Umgebung. Schon die Tatsache, daß die Größe der Ionen von der Koordination abhängt, ist ein Hinweis auf den Einfluß der Bindung auf Abstand und Abweichung von der Kugelform der Ionen. Die von Goldschmidt berechneten oder durch Interpolation erhaltenen Radien sind in Tabelle 33 zusammengestellt worden.

Aus den geometrischen Beziehungen lassen sich für reine Ionenkristalle, deren allseitige Bindung aus der Coulombschen Anziehung bestehen sollte, Radienverhältnisse A/B für die verschiedenen Koordinationszahlen berechnen. Das Grenzverhältnis für tetraedri-

Tabelle 33. Ionenradien in Å nach Goldschmidt (1926), nach Ahrens (1952) (*)
Elektronegativitäten nach Pauling (1961)

0,78 Li^{+} [1,0]	0,34 Be^{2+} [1,5]	*0,23 B^{3+} [2,0]											0,2 C^{4+} [2,5]	0,15 N^{5+} [3,0]	1,32 O^{2-} [3,5]	1,33 F^{-} [4,0]
0,98 Na^{+} [0,9]	0,78 Mg^{2+} [1,2]	0,57 Al^{3+} [1,5]											0,39 Si^{4+} [1,8]	0,35 P^{5+} [2,1]	1,74 S^{2+} [2,5]	1,81 Cl^{-} [3,0]
1,33 K^{+} [0,8]	1,06 Ca^{2+} [1,0]	0,83 Sc^{3+} [1,3]	0,64 Ti^{4+} [1,5]	0,4 V^{5+} [1,6]	0,64 Cr^{3+} [1,6]	0,91 Mn^{2+} [1,5]	0,82 Fe^{2+} [1,8]	0,82 Co^{2+} [1,8]	0,78 Ni^{2+} [1,8]	*0,96 Cu^{+} [1,9]	0,83 Zn^{2+} [1,6]	0,62 Ga^{3+} [1,6]	0,44 Ge^{4+} [1,8]	0,69 As^{3+} [2,0]	1,91 Se^{2-} [2,4]	1,96 Br^{-} [2,8]
1,49 Rb^{+} [0,8]	1,27 Sr^{2+} [1,0]	1,06 Y^{3+} [1,2]	0,87 Zr^{4+} [1,4]	0,69 Nb^{5+} [1,6]	0,68 Mo^{4+} [1,8]	*0,56 Tc^{7+} [1,9]	0,65 Ru^{4+} [2,2]	0,68 Rh^{3+} [2,2]	*0,80 Pd^{2+} [2,2]	1,13 Ag^{+} [1,9]	1,03 Cd^{2+} [1,7]	0,92 In^{3+} [1,7]	0,74 Sn^{4+} [1,9]	0,90 Sb^{3+} [1,9]	2,11 Te^{2-} [2,1]	2,20 J^{-} [2,5]
1,65 Cs^{+} [0,7]	1,43 Ba^{2+} [0,9]	1,22–0,99 La – Lu [1,1–1,2]	0,84 Hf^{4+} [1,3]	0,68 Ta^{5+} [1,5]	0,68 W^{4+} [1,7]	*0,56 Re^{7+} [1,9]	0,67 Os^{4+} [2,2]	0,66 Ir^{4+} [2,2]	*0,80 Pt^{2+} [2,2]	*1,37 Au^{+} [2,4]	1,12 Hg^{2+} [1,9]	1,49 Tl^{+} [1,8]	1,32 Pb^{2+} [1,8]	*0,96 Bi^{3+} [1,9]	*0,67 Po^{6+} [2,0]	 At^{-} [2,2]
*1,80 Fr^{+} [0,7]	1,52 Ra^{2+} [0,9]	*1,18 Ac^{3+} [1,1]	1,10 Th^{4+} [1,3]	*0,98 Pa^{4+} [1,5]	1,05 U^{4+} [1,7]	*1,1 – Np – No [1,3]										

sche und oktaedrische Umgebung ist: 0,41, für die Koordinationszahlen 6 und 8: 0,72. Selbst einige Alkalihalogen-Verbindungen, wie KCl und RbBr, von denen man bei weitgehender *Ionenbindung* (heteropolar) die Koordination 8 erwarten sollte, erfüllen diese Bedingung nicht. Sie haben wie NaCl, NaBr, KBr, NaJ, KJ, RbJ die oktaedrische Umgebung.

Mit der Anzahl der Außenelektronen steigt die Möglichkeit zur Ausbildung zusätzlicher und andersartiger Bindungsarten. Diese stehen nicht in einfacher Abhängigkeit zur Anzahl sondern zur Konfiguration potentieller Bindungselektronen. Unter Elektronen-Konfiguration versteht man die Gesamtheit der Energiezustände von Elektronen einer Atomart, die in sich abgesättigt sind oder an Wechselwirkungen mit anderen Atomen beteiligt werden können.

Der Schwefelkristall besteht z. B. aus Atomen, die homöopolar bzw. *kovalent* gebunden sind (Valenzbindung). In der aus Röntgeninterferenzen über Fouriersynthesen berechneten Elektronendichteverteilung homöopolarer Kristalle sieht man die gegenseitige Überlappung der Elektronenbahnen benachbarter Atome. Die homöopolare Bindung ist gerichtet. Als einen Spezialfall der homöopolaren Art kann man auch die metallische Bindung auffassen. Die van der Waalsche Bindung entspricht schwachen zwischenmolekularen Kräften. In vielen Kristallen überlagern sich Bindungsarten. So ist an den Si-O-Bindungen der häufigen Silikate und des Quarz ein homöopolarer und ein heteropolarer Anteil stark beteiligt. Es ist nicht Aufgabe dieses Bandes, die für das Verständnis der Bindungsarten notwendigen wellenmechanischen Grundlagen zu besprechen.

Viele für die Geochemie wichtige kristallchemische Zusammenhänge lassen sich aus den vereinfachenden Vorstellungen über die Ionengröße ableiten. Das Vorkommen verschiedener Verbindungen mit ähnlichem Kristalltyp ist als *Isomorphie* durch die Größenähnlichkeit der Gitterbestandteile verständlich. Aus dem gleichen Grund kommt begrenzter oder vollständiger gegenseitiger *Ersatz* von zwei oder mehr Atomarten in einem Gitter vor. Dieser Ersatz ist normalerweise statistisch über die gleichen Strukturpositionen der kristallisierten Phase verteilt. Wenn die Substituenten nur in bestimmte Positionen eintreten, wird damit eine Überstruktur — eine andere Symmetrie — erreicht. Die Feldspäte sind hierfür ein Beispiel. Im Kalifeldspat- und Albitgitter ist ein Viertel der Si^{4+}-Positionen durch Al^{3+} ersetzt. Bei hohen Bildungstemperaturen des Kalifeldspats ist der Ersatz statistisch über das Gitter verteilt (Sanidin), bei niedrigen geordnet (Mikroklin). Goldschmidt faßte seine Feststellungen über den gegenseitigen Ersatz von Gitterbestandteilen als größenbedingte Ionen- und Atomeigenschaften wie folgt zusammen:

a) Wenn gleichgeladene Ionen ähnlicher Größe in ein Kristallgitter eintreten können, wird das kleinere bevorzugt (Tarnen).
b) Bei unterschiedlich geladenen, größenähnlichen Ionen wird das mit höherer Ladung von dem wachsenden Kristall „abgefangen". Zum Ladungsausgleich kann an anderer Stelle des Gitters Ersatz durch ein entsprechend niedriger geladenes Ion eintreten.

Bei kugelähnlichen Ionen läßt sich dieses Verhalten durch das Coulombsche Gesetz erklären. Als Erfahrungswert für die Toleranzgrenze der Größenunterschiede sich ersetzender Ionen nennt Goldschmidt 15 %.

Von vielen häufigen gesteinsbildenden Mineralen kennt man die völlige Mischbarkeit, z. B. in den Systemen: Forsterit-Fayalith, Diopsid-Hedenbergit, Albit-Anorthit. Die begrenzte Mischbarkeit ist Temperatur-abhängig und läßt sich deshalb unter Umständen als geologisches Thermometer verwenden. Sie führt zwischen Kalifeldspat und den Plagioklasen bei Tem-

Tabelle 34. Nebenbestandteile in häufigen gesteinsbildenden Mineralen

	x %	0,x %	0,0x %	0,00x %	0,000x %
Plagioklas	K	Sr	Ba, Rb, Ti, Mn	P, Ga, V, Zn, Ni	Pb, Cu, Li, Cr, Co, B
Kalifeldspat	Na	Ca, Ba, Sr	Rb, Ti	P, Pb, Li, Ga, Mn,	B, Zn, V, Cr, Ni, Co
Quarz				Al, Ti, Fe, Mg, Ca	Na, Ga, Li, Ni, B, Zn, Ge, Mn
Amphibol		Ti, F, K, Mn, Cl, Rb	Zn, Cr, V, Sr, Ni	Ba, Cu, P, Co, Ga, Pb	Li, B
Pyroxen	Al	Ti, Na, Mn, K	Cr, V, Ni, Cl, Sr	P, Cu, Co, Zn, Li, Rb	Ba, Pb, Ga, B
Biotit	Ti, F	Ca, Na, Ba, Mn, Rb	Cl, Zn, V, Cr, Li, Ni	Cu, Sr, Co, P, Pb, Ga	B
Magnetit	Ti, Al	Mg, Mn, V	Cr, Zn, Cu	Ni, Co	Pb, Mo
Olivin		Ni, Mn	Ca, Al, Cr, Ti, P, Co	Zn, V, Cu, Sc	Rb, B, Ge, Sr, As, Ga, Pb

peraturerniedrigung zur Entmischung, die bei den Feldspäten Perthit- und Antiperthitbildung heißt.

In Tabelle 34 sind Konzentrationsangaben von Nebenbestandteilen der häufigen gesteinsbildenden Minerale zusammengefaßt worden. Die Biotitstruktur fällt dabei als ein besonderer Sammler von Nebenbestandteilen auf. In ihr stehen verschiedenartige Positionen zum Ersatz zur Verfügung. Quarz ist dagegen ein recht „sauberes" Mineral. Die Nebenbestandteile können — wie z. B. zum Teil das Ti im Quarz — in entmischten Phasen vorliegen. Erst mit den heutigen analytischen Hilfsmitteln der Elektronenmikrosonde, mit der man noch Körner im Querschnitt von 1 μ^2 analysieren kann, läßt sich das Vorkommen seltener Nebenbestandteile in homogener fester Lösung oder entmischten Phasen aufklären. Viele sogenannte Spurenelemente kommen in den häufigen Gesteinstypen nur als Fremdbestandteile der silikatischen Hauptkomponenten vor. Wegen der guten Mischbarkeit in diesen Strukturen und der absoluten Seltenheit hat man bestimmte chemische Elemente nie oder nur als Rarität in eigenen Mineralen gefunden. Dazu gehören unter anderen: Rb, Hf, In, Tl, Re, Ga und Ge.

Wenn anfangs erwähnt wurde, daß man mit Größenbeziehungen und Annahme kugelförmiger Ionen zahlreiche kristallchemische und geochemische Beobachtungen erklären kann, so bleibt das unbefriedigend ohne Verständnis der Ausnahmen von den Regeln. Es ist mehrfach der Versuch gemacht worden, aus anderen Atomeigenschaften als aus röntgenographisch gemessenen Abstandswerten Ionenradien zu berechnen oder Abweichungen von der ionaren Bindung zu erklären. Pauling (1927) ermittelte Ionenradien in sogenannten isoelektronischen Reihen. Der Radius nimmt z. B. in der Reihe Na^{1+} — Mg^{2+} — Al^{3+} — Si^{4+} — P^{5+} reziprok zur Ordnungszahl ab. Die Abnahme ist nicht linear; sie muß durch Abschirmungskonstanten für die Elektronen (aus Refraktionsdaten) erfaßt werden. Die von Ahrens (1952/53) publizierten Ionenradien sind nach der Regel extrapoliert, daß die Ionengröße einem reziproken, potenzierten Wert der Ionisationsenergie proportional ist. Für die Ermittlung der Proportionalitätskonstanten benötigt man wie bei den entsprechenden Daten der bereits genannten Autoren einen oder einige gut bekannte Radien als Bezugsystem. Die Potenz hat einen weitgehend empirischen Wert.

In Tabelle 35 werden für 5 Elemente die von Goldschmidt und Ahrens berechneten Ionenradien verglichen. Bei anderen Elementen kann die Übereinstimmung geringer sein.

Tabelle 35

In Å	Mg^{2+}	Mn^{2+}	Fe^{2+}	Co^{2+}	Ni^{2+}	Zn^{2+}
Goldschmidt	0,78	0,91	0,82	0,82	0,78	0,83
Ahrens	0,67	0,80	0,74	0,72	0,69	0,74

Nach der Goldschmidtschen Toleranzregel sollten sich die genannten Ionen gegenseitig in Kristallgittern ersetzen. Es besteht paarweise eine besondere Größenähnlichkeit zwischen Mg/Ni, Fe/Co und Fe^{2+}/Zn. Die Beziehungen können hier nicht ausführlich diskutiert werden. Bemerkenswert ist jedoch die starke Anreicherung des Ni^{2+} in den Mg-reichen Olivinen als Erstausscheidungen der basaltischen Gesteine und die gegenüber Fe^{2+} größere Tendenz des Zn^{2+}, in Strukturen mit Viererkoordinationsstellen einzutreten.

Pauling benutzt als Maß für die Abweichung von ionarer Bindung den Vergleich der sogenannten *Elektronegativitäten*. Man kann diese als Eigenschaft der Atomarten ansehen, in Molekülen oder Kristallgittern Elektronen zu sich anzuziehen. Die von Pauling aus Bildungsenthalpien von Verbindungen und reinen Elementen berechneten Werte sind in [ ] in Tabelle 33 aufgeführt worden. Zwei Atomarten gleicher Elektronegativität müssen eine homöopolare Bindung miteinander eingehen. Bei ungleicher Elektronegativität überlagert sich dieser Bindung eine elektrostatische Anziehung. Die Stärke der ionaren Bindung nimmt bei Kationen mit der Größe der Elektronegativität ab. Wenn wir zu dem Vergleich größenähnlicher Ionen von Tabelle 35 zurückkommen, so haben von diesen Fe^{2+}, Co^{2+}, Ni^{2+} und Zn^{2+} nahezu gleiche Elektronegativitäten (~ 1,7), die höher liegen als die des Mg^{2+} (1,2). Die unterschiedliche Bindungstendenz von Fe^{2+} und Zn^{2+} wird hierdurch nicht erklärt. Zieht man das in Tabelle 35 nicht aufgeführte, aber größenähnliche Cu^{2+} hinzu, so muß man von ihm eine deutlich stärkere Tendenz zu homöopolarer Bindung erwarten als von seinen Nachbarelementen im periodischen System.

Wie schon wenige Beispiele zeigen, reichen die bisher genannten Atomeigenschaften nicht aus, die kristallchemische Tendenz der Übergangsmetalle zu erklären. Man muß zusätzliche Wechselwirkungen der Elektronen berücksichtigen wie z. B. die Einflüsse des Feldes der Liganden auf alle Bindungselektronen des Zentralatoms, auch die aus inneren Schalen. Die Kristall- oder Ligandenfeldtheorie (Bethe, Orgel) vermag u. a. Absorptionsspektren (Farben), magnetische und koordinative Eigenschaften zahlreicher Übergangselemente befriedigend zu erklären.

Dieser Überblick kann nur die Begriffe der Kristallchemie und ihre Beziehungen zur Geochemie erläutern. Zum Verständnis der Probleme ist vor allem das Studium typischer Kristallstrukturen zu empfehlen, die z. B. in der Auswahl von Zemann (1966; Sammlung Göschen) beschrieben werden. In der kristallchemischen Systematik stehen seltenste Minerale gleichberechtigt neben den häufigen. In der geochemischen Betrachtungsweise kann die seltene Verbindung außergewöhnliche Bildungsbedingungen anzeigen. Vom quantitativen Aspekt des Erdaufbaus her interessieren die häufigen Minerale natürlich besonders (Tabellen 5, 9 und 14). *Silikate* haben den größten Anteil an der Meteoriten- und Erdzusammensetzung. Die Strukturforschung hat für die Silikate eine einfache Systematik ermöglicht (Bragg, Machatschki). Grundbaustein der Silikate ist danach der regelmäßige SiO_4-Tetraeder mit mittleren Si-O-Abständen von $1{,}63 \pm 0{,}04$ Å. Die Si-O-Bindungswinkel liegen bei $109^\circ\,28' \pm 5^\circ$. Im einfachsten Fall der Inselsilikate haben die Tetraeder keinen Kontakt miteinander. Gruppen-, Ketten-, Bänder-, Blätter- und Gerüststrukturen ergeben sich durch ein-, zwei- und dreidimensionale Verknüpfung der Tetraeder über Ecken. Da je zwei Tetraeder mit gemeinsamem Sauerstoffion die Tendenz haben, einen großen Winkel von rund 140° miteinander zu bilden, enthalten die Strukturen in der Reihe von Insel- über Ketten- zu Gerüstsilikaten immer größere Hohlräume, meßbar in abnehmender Dichte. Die Insel-, Ketten-, Bänder-, Blätter-(Phyllo-) und Gerüststrukturen sind zufällig mit einem Vertreter an den häufigsten Mineralen der Erdkruste (Tabelle 14) beteiligt. Zumindest im oberen Erdmantel herrschen wahrscheinlich die Inselsilikate mit ihrer großen Dichte vor: Olivine und Pyrop (Tabelle 9). Tabelle 36 enthält die Strukturformeln der oben erwähnten häufigen Krustenminerale in der Schreibweise nach Deer, Howie, Zussmann (1962) als Prototypen der Silikatstrukturen:

Tabelle 36

Olivin $(Mg, Fe^{2+})_2\,[SiO_4]$	Inselsilikat
Pyroxen Ca $(Mg, Fe^{2+})\,[Si_2O_6]$ (diopsidisch)	Kettensilikat
Amphibol $(Ca, Na)_{2-3}(Mg, Fe^{2+}, Fe^{3+}, Al)_5\,[(Si, Al)_8O_{22}]\,(OH)_2$	Bändersilikat
Biotit $K_2\,(Mg, Fe^{2+})_{6-4}(Fe^{3+}, Al)_{0-2}\,[Si_{6-5}Al_{2-3}O_{20}]\,O_{0-2}\,(OH)_{4-2}$	Blättersilikat
Plagioklas $(Na, Ca)\,[Al_{1-2}Si_{3-2}O_8]$	Gerüstsilikat

Das Si/O- bzw. Si (+ Al)/O-Verhältnis nimmt in der gewählten Reihenfolge von ¼ bis ½ zu. In runden Klammern werden die sich gegenseitig ersetzenden Mischkristallkomponenten zusammengefaßt. Dabei sind nur die Hauptbestandteile berücksichtigt worden, weil die Nebenbestandteile in Tabelle 34 enthalten sind.

Eine gelöste Phase verteilt sich unter Umständen unterschiedlich auf zwei aneinander grenzende flüssige Phasen. Ähnlich kann sich auch ein Ion gegenüber fester Lösung in den Kristallgittern mehrerer Mineralarten eines Gesteins verhalten. Ein Beispiel dieser *Verteilungsgesetze* wurde bereits in Abb. 10 und dem dazu gehörigen Text erwähnt. Dort handelte es sich um die Verteilung einer Komponente auf Schmelze und bereits ausgeschiedene feste Phase. Unter der Voraussetzung idealer Mischung unterliegen alle genannten Prozesse dem Nernstschen Verteilungsgesetz, nach dem die Verteilung einer bestimmten Komponente auf eine flüssige und eine feste Phase, zwei flüssige Phasen usw. konstant ist. Die Verteilungskonstante ist bei niedrigen Konzentrationen meist nur von Temperatur und Druck abhängig. Man kann die Verteilung eines Spurenbestandteils auf Kristall und Lösung oder Schmelze auch auf einen Hauptbestandteil beziehen, z. B. Sr/Ca im Meerwasser und Sr/Ca im organisch gefällten Aragonit. Die Temperatur-Abhängigkeit des Verteilungskoeffizienten kann in günstigen Fällen zur Bestimmung von Paläotemperaturen herangezogen werden. Der Verteilungskoeffizient eines Elementes auf ein Mineralpaar gibt ein Maß für die kristallchemische Tendenz dieses Elementes. So bevorzugt z. B. das Mangan bei Verteilung auf Amphibol/Biotit in Amphiboliten die Amphibolstruktur, das Nickel die Biotitstruktur. Durch derartige Analysen läßt sich auch prüfen, ob alle Minerale eines metamorphen Gesteins miteinander im Gleichgewicht sind, also zu einer Paragenese gehören.

Isotopengeochemie

Die Annahme, daß unsere Atomgewichtstabelle für Elemente aller irdischen Vorkommen gültig ist, muß eingeschränkt werden. Gültig ist sie zumindest für die 22 Reinelemente, die nur aus einer Kernart bestehen. Isotope sind seit der Entdeckung des Ne^{20} und Ne^{22} durch J. J. Thomson (1913) bekannt. Meist sind in den Isotopen-Mischungen kosmogene Prozesse fixiert worden. Wir finden sie also ähnlich oder gleich in Substanzen aus Meteoriten wie in irdischen Mineralen. Die Mischungen können durch 3 Gruppen von Prozessen verändert werden:

a) *Bildung neuer Kerne durch die Höhenstrahlung*
b) *Radioaktiver Zerfall*
c) *Fraktionierung während der geologischen Prozesse*

a) Wir wissen vor allem von der Untersuchung der Meteorite, daß sich eine größere Anzahl von Kernen durch die energiereichen Teilchen der Höhenstrahlung oder Sonnengase u. a. in sogenannten Spallationsprozessen bilden. Man benutzt sie zur Bestimmung des *Bestrahlungsalters,* d. h. der Aufenthaltszeit der Meteorite im Kosmos. Alle aktiven Isotope auf der Erde und in kosmischen Objekten, die eine Halbwertszeit $< 10^8$ Jahre haben und keine Tochterprodukte der U-Th-Zerfallsreihen sind, müssen durch Höhenstrahlung entstanden sein. In der irdischen Atmosphäre bildet sich durch die Neutronen der Höhenstrahlung aus dem Stickstoffisotop N^{14}_{7} in kleinen Mengen sowohl das Kohlenstoffisotop C^{14}_{6} (und ein Proton) als auch das Kohlenstoffisotop C^{12}_{6} und ein Wasserstoffisotop mit dem Atomgewicht 3 (H^3_1 = Tritium). Das C^{11} zerfällt unter β-Strahlung mit einer Halbwertszeit von 5600 Jahren wieder zu Stickstoff und das Tritium, ebenfalls mit β-Strahlung, in 12, 4 Jahren zur halben Menge He^3_2. Da das C^{14} über den Stoffwechsel in die Pflanzen und das Tritium durch den Regen in die Gewässer kommt, eignen sich beide

Isotope — trotz ihrer sehr geringen Konzentration — zur Datierung. Diese Entdeckung machte Libby, der auch an Holzproben bekannten Alters mit der C^{14}-Methode nachweisen konnte, daß die Höhenstrahlung während der letzten fünftausend Jahre einigermaßen konstant geblieben ist. Das Tritium eignet sich besonders gut zur Beobachtung des Wasserkreislaufs in der Atmosphäre und an der Erdoberfläche. Alter der jüngsten geologischen Bildungen lassen sich nur mit diesen und ähnlichen durch Höhenstrahlung gegenwärtig entstandenen Isotopen (Be^{10}, Si^{32}, P^{32} usw.) ermitteln, da die Aktivität der bei der Nukleogenese der Materie des Sonnensystems gebildeten schnell zerfallenden Kerne abgeklungen ist. Die sehr langsamen Zerfallsprozesse mit Halbwertszeiten $> 10^9$ Jahre haben eine Fehlergrenze, die die Bestimmung von Altern in der Größenordnung von 10^3—10^5 Jahren ausschließt. Kurz nach der Entdeckung der Radioaktivität am Ende des 19. Jahrhunderts stellte man bereits fest, daß das U/Pb-Verhältnis von Uranmineralen verschiedener Vorkommen charakteristisch für diese ist. In dieser Feststellung lag der Ausgangspunkt der absoluten Geochronologie. Voraussetzung war eine mehrere Jahrzehnte währende Entwicklung der Meßmethoden, vor allem der Massenspektrometrie.

b) Unter den langsam zerfallenden, natürlich vorkommenden Isotopen gibt es einige Kernarten, die in vielen Gesteinstypen in analytisch gut erfaßbaren Konzentrationen enthalten sind. Weitere Voraussetzung ist die Fixierung und Meßbarkeit ihrer Zerfallsprodukte, um nach dem Zerfallsgesetz $N_t = N_0 e^{-\lambda t}$ die Zeit t bestimmen zu können (e: Basis des natürlichen Logarithmus, λ: Zerfallskonstante, N_0: Atomzahl zu Beginn des Zerfalls in einem geschlossenen System, N_t: Atomzahl nach der Zerfallszeit t). Meist wird die Anzahl der verbliebenen aktiven Atome (N_t) und ihrer Tochterprodukte (M_t) gemessen, deren Summe N_0 ist. Für die wichtigsten Zerfallsreihen sind die Halbwertszeiten $T_{1/2}$ ($T_{1/2} = \frac{0,693}{\lambda}$) hinreichend bekannt. N_t wird durch Aktivitätsmessung (Zählrohr, Szintillationszähler) oder durch massenspektrometrische Analyse bestimmt.

Die *historische Geologie* hat — von wenigen Ausnahmen abgesehen (Jahreszeitenschichtung in pleistozänen Tonen) — bis zur Messung des Kernzerfalls in Gesteinen mit relativen Altersmarken arbeiten müssen. Da Fossile mit Datierungswert erst seit Beginn des Cambriums aufgetreten sind, war für die Gesteine von $\sim 85\,\%$ der Erdgeschichte nicht einmal eine für die ganze Erde gültige relative Alterseinstufung möglich.

Die ersten brauchbaren absoluten Altersbestimmungen wurden an *Uran-* und *Thoriummineralen* ausgeführt. Die Isotope U^{238}, U^{235} und Th^{232} (Häufigkeit in Gesteinen: Tabelle 8) zerfallen über eine größere Anzahl von mehr oder weniger langlebigen Tochterprodukten unter α- und β-Strahlung bis zu den stabilen Isotopen Pb^{206}, Pb^{207} und Pb^{208}. Die Halbwertszeiten des Zerfalls der 3 Ausgangsisotope dieser Reihen sind $4,5 \cdot 10^9$ Jahre, $0,71 \cdot 10^9$ Jahre und $13,9 \cdot 10^9$ Jahre. Ein sogenanntes radioaktives Gleichgewicht stellt sich zwischen Ausgangs- und Endprodukt in größenordnungmäßig 10^6 Jahren ein; jüngere Proben darf man mit diesen Methoden also nicht messen.

In natürlichen Schmelzen und Lösungen sammelt sich das *Blei* aus allen 3 Zerfallsreihen und mischt sich untereinander und mit dem nichtradiogenen Pb^{204}. In dem geschlossenen System eines granitischen Schmelzkörpers ist bei seiner Bildung ein bestimmtes U^{238}/Pb^{204}- und Th^{232}/Pb^{204}-Verhältnis vorhanden. Dieses verringert sich mit der Zeit. Entsprechend wachsen die Pb^{206}/Pb^{204}-, Pb^{207}/Pb^{204}- und Pb^{208}/Pb^{204}-Quotienten nach der den Zerfallsgleichungen komplementären Gesetzmäßigkeit. Ein zur Zeit t aus dieser granitischen Schmelze gebildeter Bleiglanz enthält Blei in bestimmten Pb 204 : 206 : 207 : 208-Verhältnissen. Die Bleiisotopenanalyse von Mineral- und Gesteinsblei kann uns also bei bekanntem Alter Auskunft über die Herkunft des Bleis und bei bekanntem Ausgangsmaterial Auskunft über das Alter geben. A. Holmes wandte diese Methode bereits 1937/38 an. Leider sind die U/Pb- und Th/Pb-Verhältnisse typischer Ausgangsgesteine wie Granite, Granodiorite, Gabbros und Peridotite nicht sehr unterschiedlich, so daß die Analyse auf Herkunft des Bleis aus Kruste oder Mantel nicht eindeutig zu sein braucht. Das Bleiwachstum in Gesteinen mit mittleren U/Pb- und Th/Pb-Gehalten ist in Abb. 23 dargestellt worden. Es ist darin

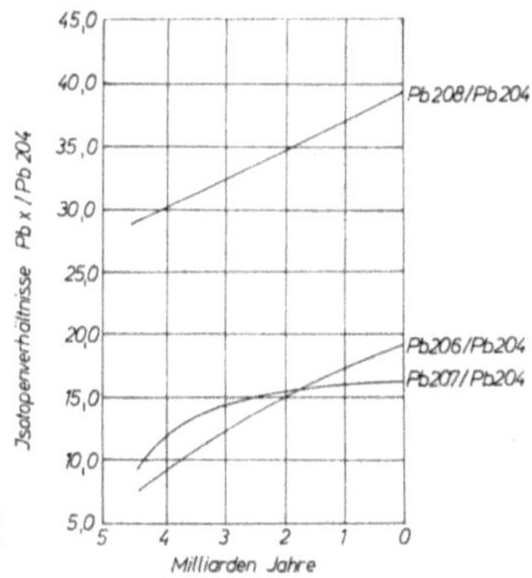

Abb. 23. Bleiwachstumskurven für 5 Milliarden Jahre Erdgeschichte.

jeweils ein radiogenes Bleiisotop auf das nichtradiogene Pb^{204} bezogen. Wegen der kürzesten Halbwertszeit des U^{235} ist das Pb^{207} am schnellsten gewachsen. Als ältestes Blei ist die Isotopenzusammensetzung von Meteoritenblei (nach Patterson [1953]) eingetragen, das in die Kurven für irdisches Blei bei einem Alter von $4{,}5 \cdot 10^9$ Jahren paßt. Dieses kann das Alter unseres Planetensystems sein. Wenn man die Pb^{207}/Pb^{204}-Kurve zu größerem Alter hin extrapoliert, wird das

207/204-Verhältnis zwischen 5 und 6 Milliarden Jahren gleich 1. Es ist unwahrscheinlich, daß die bei der Nukleogenese gebildete Menge Pb^{207} mit ungerader Neutronenzahl auch nur gleich der von Pb^{204} mit gerader Neutronenzahl gewesen ist. Diese Wachstumskurve gibt uns also Auskunft über das wahrscheinliche Maximalalter der Elemente unseres Planetensystems.

Die Geochronologie bekam in den fünfziger Jahren durch die Entwicklung neuer Methoden zu Routineverfahren starke Impulse und erweiterte Anwendungsbereiche. Es zeichneten sich durch die schnell anwachsende Anzahl von Daten aus vielen Ländern z. B. im Präcambrium weltweite orogene Zyklen ab; die proterozoische Veränderung der Kontinente wurde überschaubar. Außer der Entstehung eines Gesteins aus einer Schmelze läßt sich seine eventuelle metamorphe Überprägung datieren (z. B. durch Diffusions-Verluste an radiogenen Gasen bei Wärmeeinfluß). Vor allem kann man systematische Fehler einer Methode in einer Probe durch Kontrolle mit den beiden anderen davon unabhängigen Datierungsarten ausschalten. Die beiden Verfahren, die seit den fünfziger Jahren immer häufiger angewendet werden, beruhen auf dem β-Zerfall des *Rubidiumisotops* Rb^{87} zu Sr^{87} (Halbwertszeit $5 \cdot 10^{10}$ Jahre) und dem Elektroneneinfang des K^{40}-Kerns. Das *Kalium* enthält 0,012 % des selteneren Isotops. K^{40} zerfällt in $1{,}2 \cdot 10^{10}$ Jahren zu der halben Zahl Ar^{40}-Atome. Während Kalium und Calcium Hauptbestandteile der Gesteine sind, kommen Rb und Sr darin nur als Spurenkomponenten vor. Das aktive Rb^{87} ist mit 27,9 % und das radiogene Sr^{87} mit 7,0 % ein wesentlicher Bestandteil der jeweiligen Elemente.

Das Rb/Sr-Verhältnis ist charakteristischer für häufige Gesteinsarten wie Granite, Gabbros und Peridotite als das U/Pb-Verhältnis. Es nimmt in der genannten Reihenfolge der Gesteine von >1 auf $<0{,}1$ ab. Granite, die anatektisch aus älteren Gesteinen entstanden sind, müssen viel mehr radiogenes Sr (hohes Sr^{87}/Sr^{86}) enthalten als Peridotite des Mantels. Hierin liegt eine Unterscheidungsmöglichkeit der Herkunft magmatischer Schmelzen aus Erdkruste und Erdmantel. Über das Sr^{87}/Sr^{86}-Verhältnis kann man in günstigen Fällen auch die Assimilation von Fremdgestein in bestimmten Magmen nachweisen.

Die Häufigkeitsverteilung der instabilen und radiogenen Isotope in Gesteinen und Mineralen liefert Informationen über geologische Prozesse, die über die zeitliche Einstufung hinausgehen. Die Einzelheiten der Durchführung, die Fehlermöglichkeiten und die Auswertung physikalischer Altersbestimmungen können hier nicht besprochen werden. Als Ergebnis vieler tausend Analysen hat man heute ziemlich zuverlässige absolute Alterswerte für die Grenzen der geologischen Formationen (Tabelle 37). Es lassen sich für verschiedene Kontinentkerne die Zonen gleicher Alter darstellen (z. B. Tilton, Hart [1963]). Die Häufigkeitsverteilung gleicher Alterswerte bildet in der geologischen Zeitskala die Zyklen der orogenen magmatischen Prozesse und der Metamorphose ab. In Abb. 24 ist die zeitliche Häufung von Alterswerten, vor allem magmatischer Gesteine in weltweiter Verbreitung, nach Gastil (1960) wiedergegeben worden.

c) Bei einer Reihe leichter Elemente, die aus Isotopengemischen bestehen, wird innerhalb geologischer Prozesse eine *Verschiebung der Isotopenzusammensetzung* erreicht. Die Fraktionierung beruht auf dem (mit Ausnahme von Wasserstoff) geringen Unterschied der chemischen Eigenschaften der Isotope. Eine fortgeschrittene Entwicklung der Massenspektroskopie war nötig, um die geringen Fraktionierungsbeträge routinemäßig messen zu können. H. C. Urey und C. J. Greiff zeigten 1935 zum ersten Male, daß eine natürliche und eine experimentelle Isotopenverschiebung möglich ist. Technische Isotopenfraktionie-

Tabelle 37

	Formationen		Beginn vor ...
Neozoikum	Quartär	Alluvium	10 Tausend Jahren
		Pleistozän (Diluvium)	1 Million Jahren
	Tertiär	Pliozän	11 Millionen Jahren
		Miozän	25 Millionen Jahren
		Oligozän	40 Millionen Jahren
		Eozän	60 Millionen Jahren
		Paläozän	70 Millionen Jahren
Mesozoikum	Kreide	Ober-K. Unter-K.	130 Millionen Jahren
	Jura	Malm Dogger Lias	180 Millionen Jahren
	Trias	Keuper Muschelkalk Buntsandstein	220 Millionen Jahren
Paläozoikum	Perm	Zechstein Rotliegendes	260 Millionen Jahren
	Karbon	Ober-K. Unter-K. (Kulm)	290 Millionen Jahren 330 Millionen Jahren
	Devon	Ober-D. Mittel-D. Unter-D.	400 Millionen Jahren
	Silur		430 Millionen Jahren
	Ordovizium		500 Millionen Jahren
	Cambrium	Ober-C. Mittel-C. Unter-C.	600 Millionen Jahren
Präcambrium	Proterozoikum	Ober-Pr. Mittel-Pr. Unter-Pr.	1000 Millionen Jahren 1700 Millionen Jahren 2500 Millionen Jahren
	Archaikum		4500 Millionen Jahren

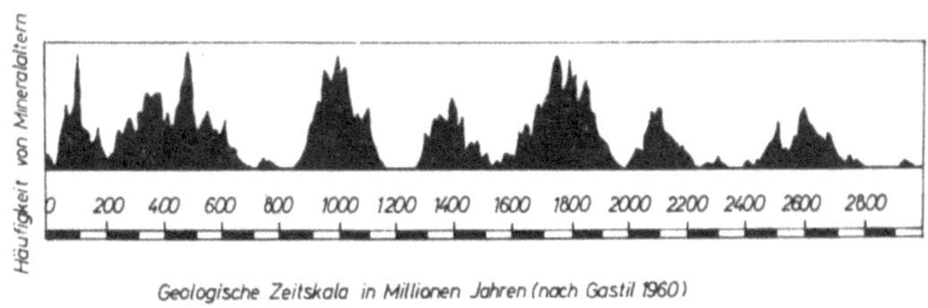

Abb. 24. Die Häufigkeitsverteilung absoluter Alterswerte in weltweiter Verbreitung.

rung wird durch Diffusion, Elektrolyse, Fällungsreaktionen usw. erreicht.

In einem der ersten Kapitel ist bereits über die Kernhäufigkeit und -stabilität gesprochen worden. Mit der Ordnungszahl wächst das Atomgewicht, aber nicht der relative Massenunterschied zwischen den Isotopen. Abb. 25 zeigt die Abnahme der Quotienten aus dem natürlich vorkommenden Isotopenpaar größten Massenunterschiedes (unter Ausschluß sehr seltener Höhenstrahlungsprodukte usw.) mit der Ordnungszahl. Relativ hohe Werte dieses Quotienten weisen noch nicht unbedingt auf zu erwartende große Fraktionierungsbeträge in natürlichen Prozessen hin. Elemente mit gleichem Quotienten können unterschiedliche maximale Fraktionierung zeigen. Wesentlich ist die Art der chemischen Prozesse, an denen die jeweiligen Elemente teilnehmen (z. B. Gleichgewichte unter tiefen Temperaturen mit Reaktionsprodukten in unterschiedlichen Aggregatzuständen).

Als Beispiel wollen wir eines der für das Verständnis der Karbonatlöslichkeit notwendigen Gas-Flüssigkeits-Gleichgewichte nennen. Es ist durch mehrere Gleichgewichtskonstanten charakterisiert:

$$C^{12}(O^{16})_2 + H_2O^{18} \leftrightarrows C^{12}(O^{18})_2 + H_2O^{16}$$
$$C^{13}(O^{16})_2 + H_2O^{18} \leftrightarrows C^{13}(O^{18})_2 + H_2O^{16}$$
$$C^{12}(O^{16})_2 + HDO^{18} \leftrightarrows C^{12}(O^{18})_2 + HDO^{16} \text{ usw.}$$

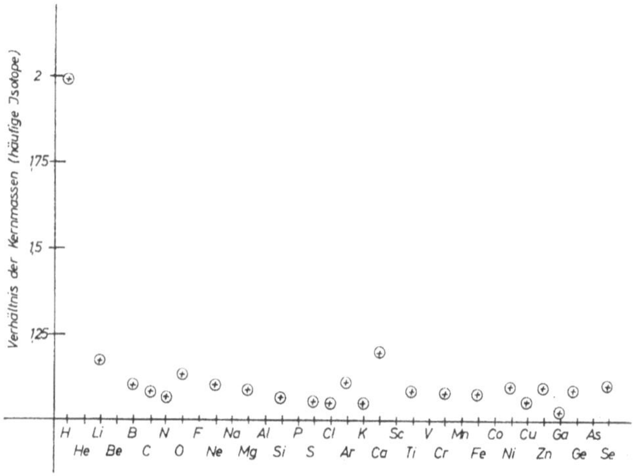

Abb. 25. Die Massenunterschiede der Isotope.

Die Konstanten sind temperaturabhängig und gehen mit steigender Temperatur gegen eins. Die Entropie von Substanzen und somit die freie Energie von Reaktionen hängt mit der Schwingungsfrequenz und diese mit den Atommassen eines Moleküls zusammen. Schwere Isotope eines Elementes sind gewöhnlich bei gleicher Temperatur etwas fester gebunden als die leichten und haben deshalb geringere Eigenfrequenzen und höhere Aktivierungsenergien für eine chemische Reaktion. Nur beim Wasserstoff und beim Deuterium sind die chemischen Eigenschaften zweier Isotope sehr unterschiedlich und die relativen Fraktionierungsbeträge unter Umständen in der Größenordnung von 25 %. Eine günstige Maßangabe für den Fraktionierungsgrad bezieht sich auf eine leicht erhältliche Standardprobe, z. B.:

$$\delta \text{ Deuterium } (\%) = 100 \left(\frac{\text{D/H Probe} - \text{D/H Standard}}{\text{D/H Standard}} \right)$$

Entsprechend kann man den δ-Wert auch für andere Isotopenverhältnisse definieren.

Nur bis zu Massenzahlen in der Größenordnung von 40 hat man einen Einfluß geologischer Prozesse auf die Verhältnisse der stabilen Isotope gefunden. Oft sind die in bestimmten Proben angetroffenen Isotopenhäufigkeiten das Ergebnis komplexer Reaktionen. Es ist dann nicht leicht oder sogar unmöglich, aus den massenspektrometrisch ermittelten Daten auf bestimmte geologische Vorgänge rückzuschließen.

Die meisten Untersuchungen befassen sich mit der Fraktionierung der genannten Wasserstoff-Isotope, dem C^{12}/C^{13}-, N^{14}/N^{15}-, $O^{16}O^{18}$- und S^{32}/S^{34}-Verhältnis. Die maximale Variation ist bei den Kohlenstoff-, Sauerstoff- und Schwefel-Isotopenverhältnissen etwa gleich groß (Absolutwerte von $\delta \sim 3\,\%$). Die Variationsbreite des Deuteriumgehaltes der Gewässer liegt bei 25 %.

Das Deuterium eignet sich besonders gut, den Kreislauf des Wassers an der Erdoberfläche ($\sim 0{,}014\,\%$ D) zu verfolgen. Eine wirksame Fraktionierung von Kohlenstoff und Schwefel kann im Stoffwechsel von Organismen eintreten. Das Kohlenstoffisotop C^{12} ist mit 98,89 % das häufigste. Marine Karbonate unterscheiden sich im Mittel um etwa 3 ‰ (absolut) von dem üblichen Standard eines Belemnitenkalks. Der im CO_2 der Atmosphäre vorkommende Kohlenstoff ist erwartungsgemäß leichter, aber immer noch schwerer als der von marinen Pflanzen und Tieren, erst recht als der von Landpflanzen. Die Isotopenzusammensetzung von Landpflanzen, Kohle und Erdöl kann ähnlich sein. Das braucht aber nicht zu dem Schluß zu führen, daß das Erdöl aus Landpflanzen entstanden ist. Abelson und Hoering haben 1960 zeigen können, daß schon verschiedene Stoffwechselprodukte einer Algenart unterschiedliche Kohlenstoffzusammensetzung haben. Dann wird man für den komplizierten Reaktionsablauf und die Stoffsonderung, durch die möglicherweise aus der Substanz mariner Mikroorganismen Erdöl entsteht, eine Anreicherung des leichten Isotops erwarten dürfen.

Das Isotop N^{14} ist zu 99,64 % am elementaren Stickstoff beteiligt. Der atmosphärische Stickstoff, der bis in 50 km Höhe in seiner Zusammensetzung sehr konstant ist, dient als Standard. Gesteine enthalten oft das schwere Isotop angereichert. Pflanzliches Eiweiß besteht gewöhnlich aus leichterem Stickstoff als tierisches.

Das Sauerstoffisotopenverhältnis (bzw. seine Abweichung vom Ozeanwasser-Standard) ist charakteristisch für die Temperatur bestimmter Bildungsgleichgewichte von oxydischen, karbonatischen und silikatischen Mineralen. Der massenspektrometrisch gemessene O^{18}-Gehalt eines Minerals hängt nicht nur von der Temperatur, sondern auch von der Art der festen Phase ab. Bei gleicher Bildungstemperatur nimmt er z. B. von Quarz zu Kalkspat, von Pyroxen zu Olivin, von Ilmenit zu Magnetit ab. Neben der Geothermometrie eignet sich die Isotopenanalyse auch zur Überprüfung der Einstellung von Gleichgewichten. Der Fraktionierungseffekt wird über 800 °C sehr klein. Bei niedrigen Temperaturen ist die Methode so empfindlich, daß die Temperaturschwankungen des Ozeanwassers seit dem letzten Interglazial an C^{14}-datierten Foraminiferenschalen gemessen werden konnten (Emiliani, Suess).

Schwefel enthält im Mittel 95,018 % des Isotops S^{32}, 0,75 % von S^{33}, 4,215 % von S^{34} und 0,017 % von S^{36}. Das S^{32}/S^{34}-Verhältnis geologischer Proben wurde bisher vor allem zur Aufklärung der Bildungsbedingungen sulfidischer Lagerstätten ausgewertet. Bakterielle Reduktion von Sulfatgehalten des Meerwassers führt zur relativen Anreicherung von leichtem Schwefel im Schwefelwasserstoff und von schwerem Schwefel im verbleibenden gelösten Sulfat. Der magmatogene Schwefel basaltisch-gabbroider

Schmelzen hat, wie der Troilit der Meteorite, ein S^{32}/S^{34}-Verhältnis von 22,20 ($\delta S^{34} = O$). Da der bakteriogene Sulfidschwefel der Sedimente relativ reich an dem leichten Isotop ist, müssen Meerwasser und marine Sulfate das Defizit kompensieren. Sie enthalten mehr schweren Schwefel als die primären magmatischen Gesteine. Seit einigen Jahren weiß man, daß der Schwefel des Meerwassers während der geologischen Vergangenheit nicht immer die gleiche Zusammensetzung gehabt hat. Seine systematische Änderung muß durch die spezifische Zusammensetzung der zu bestimmten Zeiten abgetragenen Gesteinsarten beeinflußt worden sein. Die größten Flächen der Erde sind von Sedimentgesteinen bedeckt. Die Ab-

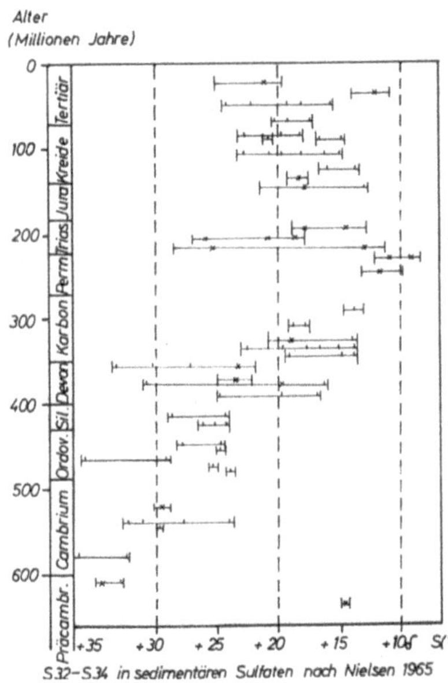

Abb. 26. Das S^{32}/S^{34}-Verhältnis des Meerwassers in der geologischen Vergangenheit. (Abszisse: δS^{34})

tragung Sulfid-haltiger bituminöser Tone führte dem Meer leichten Schwefel, die von sedimentären Sulfaten schweren Schwefel zu. In Abbildung 26 sind die Meßergebnisse mehrerer Autoren an sedimentären Sulfaten nach den Angaben von Nielsen (1965) zusammengestellt worden (Variationsbereiche und Häufungen gleicher Werte).

In den letzten Abschnitten konnten nur einige Beispiele angeführt werden; sie zeigen, wie die geochemische Arbeitsweise der Entwicklung moderner Methoden folgt und von ihrer Seite aus neue Wege zum Verständnis des geologischen Geschehens erschließt.

Sachverzeichnis

Autorenverzeichnis

HINTZE—CHUDOBA

Handbuch der Mineralogie

Neue Mineralien und neue Mineralnamen
(Mit Nachträgen, Richtigstellungen und Ergänzungen)

Zusammengestellt und herausgegeben von
Dr. KARL F. CHUDOBA

Ergänzungsband III
(5 Lieferungen). Gr.-Oktav.

Lfg. I. Mit 28 Figuren. VIII, 152 Seiten, 1965. DM 68,—

Lfg. II. Mit 29 Figuren. 103 Seiten. 1965. DM 44,—
Lfg. III. Mit 15 Figuren. 135 Seiten. 1966. DM 50,—

Nachdem im Jahre 1960 der Ergänzungsband II abgeschlossen worden ist, hat wiederum K. F. CHUDOBA die in den letzten 5 Jahren neu entdeckten und diskredierten Minerale meist auf Grund der in unzähligen Zeitschriften aller Staaten veröffentlichten Originalarbeiten eingehend referierend beschrieben, — Es handelt sich um viele hundert neue Mineralnamen . . . Insbesondere allen mineralogischen Forschungsinstituten und ebenso den mineralogischen Museen ist damit eine äußerst wertvolle Materialsammlung zugänglich gemacht worden, die würdig den Namen des „ALTEN HINTZE" weiterträgt. Bei jedem Mineral werden, soweit eben aus den Veröffentlichungen ersichtlich, Angaben über die Struktur, über physikalische, optische und chemische Eigenschaften, über die Ableitung des Namens und über die Vorkommen angegeben; zum Abschluß erfolgen jeweils die Literaturzitate und die der Referate aus amerikanischen, französischen, englischen, russischen und deutschen Sammelorganen. Alle Benützer von C. HINTZES Handbuch der Mineralogie sind dankbar, daß das Werk in dieser Form weitergeführt wird.

Der Korinthin

Ergänzungsband II
Groß-Oktav. XII, 958 Seiten. Mit 41 Figuren. 1960. Halbleder (Saffian) DM 320,—

WALTER DE GRUYTER & CO · BERLIN 30

R. BRAUNS †

Allgemeine Mineralogie

11., erweiterte Auflage der „Mineralogie".
Neubearbeitet von K. F. CHUDOBA.
152 Seiten. 143 Textfiguren, 1 Tafel, 3 Tabellen. 1963.
DM 5,80.
(Sammlung Göschen Band 29/29 a)

R. BRAUNS †

Spezielle Mineralogie

11., erweiterte Auflage der „Mineralogie".
Bearbeitet von K. F. CHUDOBA.
193 Seiten. 127 Textfiguren, 6 Tabellen. 1964. DM 5,80.
(Sammlung Göschen Band 31/31 a)

J. ZEMANN

Kristallchemie

144 Seiten. 90 Abbildungen. 1966. DM 5,80.
(Sammlung Göschen Band 1220/1220 a)

F. LOTZE

Geologie

3., verbesserte Auflage.
179 Seiten. 80 Abbildungen. 1965. DM 5,80.
(Sammlung Göschen Band 13/13 a)

H. HUTTENLOCHER †

Mineral- und Erzlagerstättenkunde

2 Bände. 2., neubearbeitete Auflage von P. RAMDOHR.
I. 137 Seiten. 40 Abbildungen, 2 Tafeln. 1965.
II. 135 Seiten. 41 Abbildungen. 1965. Je DM 5,80.
(Sammlung Göschen Band 1014/1014 a, 1015/1015 a)

WALTER DE GRUYTER & CO · BERLIN 30

MIX
Papier | Fördert gute Waldnutzung
FSC® C083411

Zeitfracht Medien GmbH
Ferdinand-Jühlke-Straße 7
99095 Erfurt, Deutschland
produktsicherheit@kolibri360.de